U0082910

綠島海岸植被

陳玉峯 著

謹以本書題獻：

蔡　時　女士
蘇寶慶　先生　賢伉儷

目次

自序 4

1 綠島簡介 6
綠島環島一周寫眞圖錄&解說 9

2 綠島的地質及地體變遷 112

3 綠島植物的早期採集調查暨其文化點滴 116

4 綠島海岸植被調查 126

5 綠島海岸調查樣區總覽 134

6 植物社會分類暨生態解說 142
6-1、外灘（海水生）維管束植物帶 142
6-2、後灘前半段的珊瑚裙礁植物社會 145
6-3、砂（礫）灘植物社會 158
6-4、海岸灌叢或小喬木植被帶社會，以及海岸林 181
6-5、海崖、岩生植被 202
6-6、海崖頂平台等之放牧、
踐踏壓力下的低草草生地植物社會 228
6-7、綠島海岸植物社會總摘要 240

7 原生海岸植物（被）追溯 242

8 東北季風與植被的初步探討 262

9 代結語 274

參考文獻 278

自序

大約35年前接觸海岸植被，而在2005～2007年全線再度調查結束，並撰成台灣本島海岸帶千餘公里的植被專書，卻始終未行出版，畢竟爲數龐多的離島未能涵蓋，至少也該列舉一、二個島嶼詳實研調吧?!於是，這一擱置，倏忽8年飄逝，如今總該重啓未完竟的畢生基本責任矣，這是個人自許對台灣母親母土的債務或回饋。

2014年6月22日首勘綠島，冥冥之中許多因緣相牽引，自然而然地進行海岸植被的研調，而植被主文部分於10月完成，11月再行前往綠島，以煙霧測度東北季風與植物的相關，因而全書大致完稿於12月。2015年元月4日則開撰《綠島金夢》。

也就是說，依照時序而言，本書應先於「金夢」書問世，但本書屬於植物生態專業「冷門」行列，且較多細節有待琢磨，何妨放慢腳步付梓，同時，本書適可作爲出版《台灣植被誌》最後系列的「海岸植被」的前導。

以下，摘要勾勒全書內涵。

本書探討或演繹綠島生界的前世、今生，初步追溯海岸植被的原始風貌，並勾勒最早期植物研究者的事蹟，以及其自然情操或人文涵養，同時，以135個樣區，歸納現今海岸植被的27個以上的優勢社會或單位。這些優勢社會分別隸屬於「外灘海水生植物帶」、「環島低位珊瑚礁植物帶」、「砂（礫）灘植物帶」、「海岸灌叢及小喬木植物帶」、「海岸林植物帶」、「海崖或岩生植被」、「高位珊瑚礁植被」，以及「海崖頂平台放牧低草生地」等八項環境類型，殆爲綠島歷來最詳實的植物社會分類報告。

此外，針對東北季風與海岸植物的關係，藉由施放煙霧進行觀察，提出林投具備形態上極爲優越的自然設計，誠乃化解風力的首選物種，以及一些生態現象有趣的觀察。本書另對綠島的華人開拓史、新近綠島尋寶的故事及其宗教哲學的探索，提供背景及後續研究的前導。

記得1990年代剛認識心淳法師不久，他與我多次長談後說：「你的福報很大！」我回他：「無功無德，無福可報！」義理、意識固然如此，但站在人間世，稍加回顧，我一生到處遇見好得不得了的台灣素人，待我有若再世父母兄弟親人，還有，整部台灣山林生界大地呵護我，誠所謂洪福齊天啊！或許這是因爲我的需求、要求不多也不高吧?!

無論如何，我受生於台灣地土，也伴隨生界成長、流變，可以或該做些有意思的事，就篤志專心地做下去。是爲誌。

陳玉峯

於大肚台地
時2015.3
2015.7

1 綠島簡介

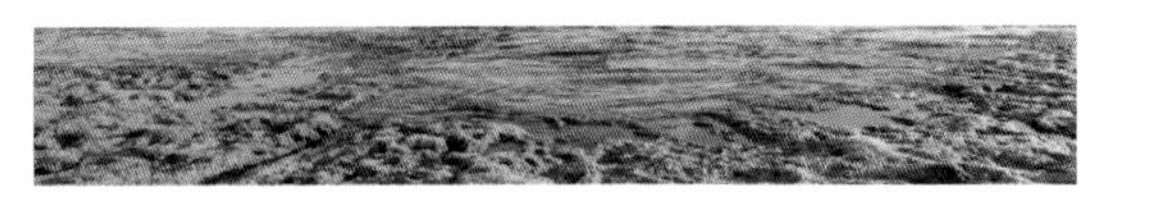

綠島另名雞心嶼、青仔嶼、火燒島、火燒嶼、東嶼、南謐東嶼、Sanasai、Samasana、Itanasai等等，位於台東市東方約31公里的太平洋（非律賓海）上，地圖上約呈不規則的四角形；南北長約4公里、東西寬約3公里，島周長約20.25公里，面積約15.34平方公里，退潮時面積約17.33平方公里，增大約13%，是台灣附屬第四大島，次於澎湖本島、蘭嶼，以及漁翁島（陳正祥，1993；李玉芬，2000；官方或綠島鄉誌等列引面積為15.0919平方公里）。

由口述歷史以及遺物挖掘顯示，東台海岸原住民阿美族及卑南族民，至少其部分的先祖是由綠島遷移而來，甚至台灣東北部的噶瑪蘭及凱達格蘭平埔族民，也有人宣稱其祖先來自綠島（鹿野忠雄，1946；王崧興，1967），無論事實如何，可以確定綠島曾經是台灣北、東、南原住民進、出的驛站，這是自然地理、黑潮洋流，以及偶發或意外型的颱風等，對人種遷徙的影響之所致。而文獻上登錄華人移殖綠島的最早年代，可能是1799年（清國嘉慶4年；林棲鳳、石川流，1829，26頁）。

陳正祥（1993，1,267～1,270頁）敘述，18世紀暨之前，曾有「漳州人」入據，逼得部分原住民遷移到台東，但因天然條件不足，土地生產力低，旋棄島而去，其後，除了局部區域尚有殘留的達悟族人（註：日本人類學者鳥居龍藏於1897年的調查報告，將蘭嶼原住民族命名為雅美族，1998年才正名為達悟族），大部分土地淪爲無人之境。

19世紀初葉，1813年（清國嘉慶18年），有小琉球漁民集體遭遇風漂，登陸綠島北海岸，興建共同居住的房舍，自稱爲「公館」，此即今之公館地名的由來。然而，王崧興（1967）則記載：「現在居住在該島的泉州人，相傳於嘉慶9年（1804）5月，自小琉球移居公館，當時人數約只30人，此後漸向中寮、南寮等地分佈。」又，日治時代初期，尚有約30戶的蘭嶼達悟人，住在綠島的東北端（註：日治時代文本記載，以及綠島鄉誌等，各資訊多有異同，有待進一步考據）。

而維基百科（2014.8.17查詢）則宣稱，1813年風漂前來綠島的華人是以曾開勝爲首云云。1850年復有屏東東港漁民陳必（品）先等人，也被颱風漂流到綠島東北端，隔年返鄉招來族人，定居於今之柚仔湖(註：1960年代有人書寫為油子湖)。

- 1877年　(清國光緒三年)綠島被清國正式收入版圖，隸屬恆春管轄。
- 1895年　日本人將「火燒嶼」改名爲「火燒島」；1909年設「火燒島區」，直轄於台東廳。
- 1911年起　日治時代在流麻溝(註：1960年代書寫為流鰻溝)附近設立監獄，即1911～1919年的「火燒島浮浪者收容所」；1917年，伊藤武夫彙集前人等歷來所採集，發表「火燒島の植物」，用以紀念1916年9月20日瘁逝的農學家相馬禎三郎。
- 1916年起　日本人曾在綠島進行多期的造林。
- 1921年　5月，日本人在中寮設立「火燒島公學校」(小學)。
- 1922年　綠島第一家鰹魚加工場(即鰹節，或俗稱柴魚)在南寮設立。
- 1937年　日本政府將綠島建制爲「火燒島庄」，隸屬於台東廳台東郡。
- 1938年　日本與美國合作興建火燒島燈塔。其乃緣起於1937年，美籍郵輪觸礁，被綠島人救援。
- 1946年　國府台東縣政府成立，將日治火燒島庄役場改名爲火燒島鄉公所，林讀士就任首任官派鄉長。
- 1949年　國府將日治時代的「火燒島」更名爲「綠島」。
- 1950年　省府派專輪航行高花線，輪班停靠綠島。
- 1952年　被囚禁的政治犯開始協助綠島鄉公所開闢環島公路。
- 1960年　郵凱輪首航綠島。
- 1969年　綠島指揮部協助闢建環島公路，舉行破土典禮；1975年全線通車。
- 1979年起　省林務局在綠島實施造林。
- 1983年　綠島實施全天供電。
- 1986年　頒佈「綠島風景特定區計畫」；官方的「梅花鹿放牧更新計畫」分批將鄉公所公共造產的梅花鹿放牧。
- 1990年　觀光局東管處重新擬定「綠島整體觀光開發計畫」；1991年成立「綠島管理站」；1994年，綠島遊客服務中心啓用。

- 1995年　綠島機場擴建完工，4月正式啓用。
- 1997年　酬勤水庫落成。
- 1999年　綠島人權紀念碑由李登輝總統主持揭碑儀式。
- 2002年　「人權紀念園區暨綠洲山莊」開放，陳水扁總統主持啓用典禮。

據上，綠島原屬達悟族、阿美族人的傳統領域；1799年以降，有華人定居；1877年正式成爲台灣版圖；1911年首創監獄或感化所；1949年定名爲綠島。其他詳細的人文生態變遷，請見李玉芬(2000)以及新版《綠島鄉誌》。

2014年7月，台東縣綠島鄉有1,094戶住民，人口3,806，分屬3村42鄰。

以上之早期開拓史引介，大抵皆非詳實考據的資料，筆者之後當再探討之。

綠島在台灣史、政治史或人文、人權史上的最重大特徵，即1951～1987年間，台灣「政治犯」的監禁地，也就是1949年起，長達38年的戒嚴白恐時代，以軍法侵犯人權，將平民逮捕、酷刑、發監的「流放地」。

2008年5月，行政院文建會的摺頁敘述，1951年5月17日，近千名「政治犯」由基隆搭船2天1夜，抵達中寮登陸，開始了長達15年(1951～1965)的「勞改、下放」洗腦集中營生涯，此後，另有多批「政治犯」，分別由基隆、花蓮、高雄等地，「發配」來綠島南寮港上岸「改造」。也就是說，1950、1960年代的綠島「勞改營人犯」，加上「管理人員」，將近3千人。此外，綠島在1972～1987年間，設有「國防部感訓監獄」(綠洲山莊)，監禁了約400人。1987年7月15日解嚴之後，平民不再受軍法管轄，綠島最後一批約20位的「政治受難者」，轉送中寮的台灣綠島監獄。

換句話說，綠島由1951年至1987年的37年間，以「新生訓導處」及「國防部綠島感訓監獄(綠洲山莊)」，迫令台灣人「聞風喪膽」，也爲綠島烙印下永世的污名，更是諸多被迫害者血跡斑斑的埋骨地。

今之「綠島人權文化園區」，絕對是造訪綠島者不可不參訪、追思、昭炯戒的區塊。過往許多台灣人以綠島爲「幽冥鬼域」，也常以「送你去唱綠島小夜曲」來戲謔、恐嚇人。但事實上，流行歌曲的〈綠島小夜曲〉的「綠島」，指的是台灣，完全與綠島無關。

綠島環島一周寫真圖錄＆解說

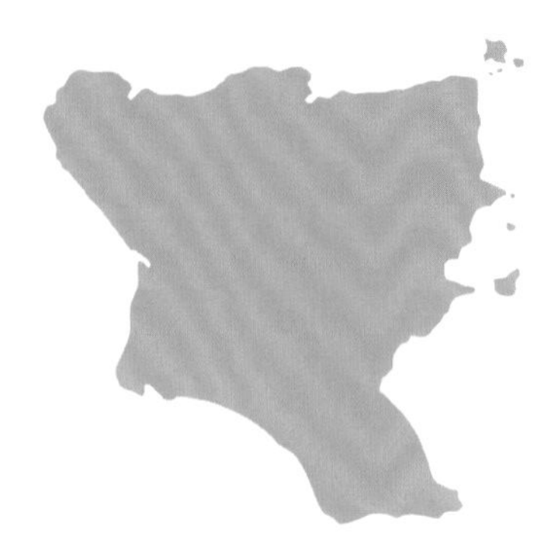

前進綠島

位於台東市區東北方向，距離約5公里的富岡漁港，相當於海岸山脈最南東端的盡頭，其西北側的猴子山（海拔約117公尺）大致即海岸山脈南東端的最後地標。這裏正是海路前往蘭嶼、綠島的驛站碼頭。（2014.9.1）

富岡渡輪碼頭。（2014.6.22）

富岡漁港碼頭出海隘口。（2014.9.1）

往離島渡輪。（2014.11.10；富岡）

富岡漁港的海岸山脈靠山—猴子山，猴子山的另一側，即台東機場。（2014.6.24）

綠島南寮漁港碼頭。（2014.9.5）

即將抵達綠島南寮漁港碼頭。（2014.9.1）

綠島南寮漁港港區內。(2014.9.1)

綠島靠(上)岸碼頭。(2014.9.1)

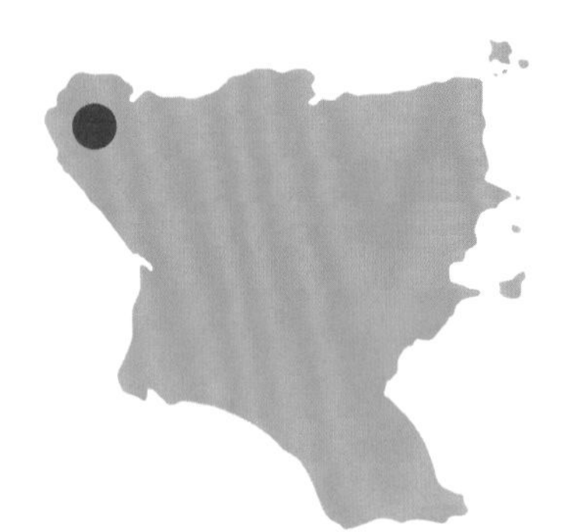

綠島燈塔

綠島燈塔緣起於昭和12年（1937年）12月12日12時，3萬1千噸的美國豪華郵輪胡佛總統號（President Hoover）觸礁綠島北海岸，綠島人搶救了船上12（?）個不同國籍的乘客5（?）百餘人。美國人為了感恩及航行安全，捐款經由國際紅十字會轉手，交由日本人於1938年興建「火燒島燈台」。（轉引馬國樑，1954：30頁）

綠島燈塔座落於西北角臨海海崖上。（2014.6.23）

綠島燈塔座落北緯22°40'33"，東經121°27'33" 。(2014.9.2)

1938年完建的「火燒島燈台」高50公尺，圓形黑白橫線塗漆的水泥建物，煤油發光。太平洋戰爭末期，被美軍機局部炸損。1948年原地修復為今之33.3公尺高的純白色燈塔，並改為電瓶發光。(2014.9.1)

綠島燈塔及其在烏魚窟鏡面上的倒影。(2014.9.2)

2014年9月2日早上5時59分的燈塔晨曦。

潮間帶海螺正吃食綠藻。（2014.9.2；中寮與柴口之間）

烏魚窟東方的潮間帶及遠方台灣的海岸山脈。（2014.9.2）

綠島燈塔南望，肉眼可見80公里外的蘭嶼燈塔打光。（2014.9.1）

燈塔下方的烏魚（油）窟。（2014.9.1）

中寮港向東，至柴口之間的珊瑚礁岩潮間帶，綠藻鋪陳一頃秀色。（2014.9.2）

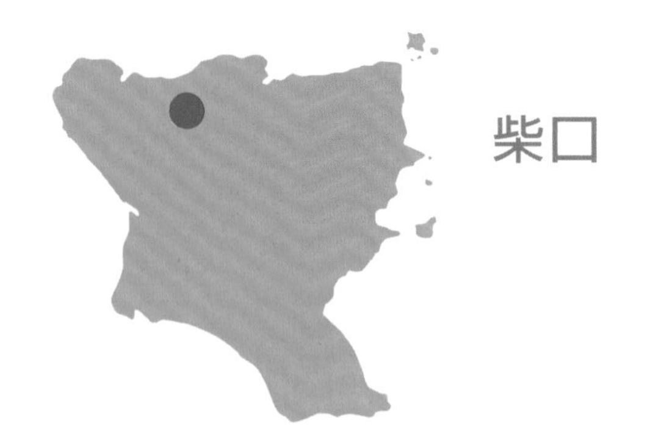

柴口

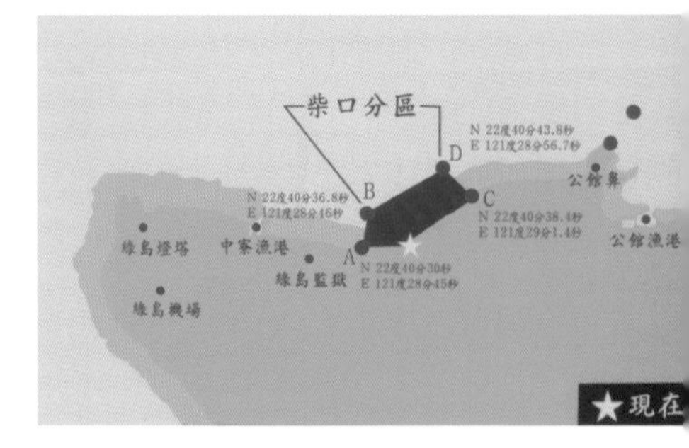

柴口漁業資源保育分區。(2014.6.23)

柴口大面積珊瑚礁岩潮池，最遠處為台灣海岸山脈。(2014.9.2)

柴口「漁業資源保育區界碑」。（2014.9.2）

白花馬鞍藤於2014年9月2日早晨6時24分尚未開花。

白花馬鞍藤於2014年9月2日早晨6時50分開展的白花。

中寮港至柴口之間特有的砂灘白花馬鞍藤族群。（2014.9.2）

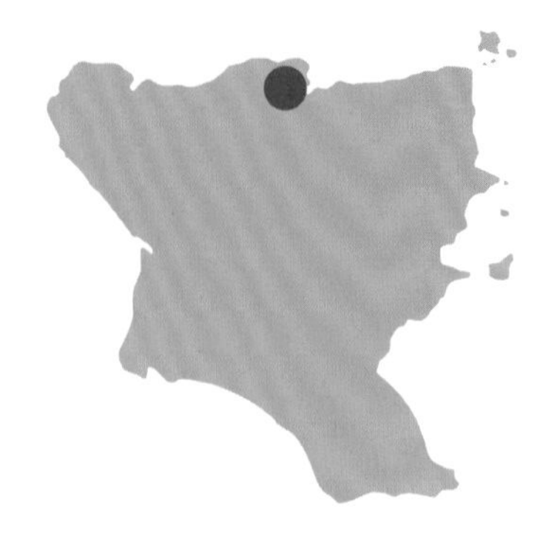

公館鼻

公館聚落及海岸凸起的公館鼻火山岩丘。(2014.11.8)

由第十三中隊、烏石腳拉近，拍人權園區前的4塊火山頸岩，以及右上的公館鼻狀似陸連島。(2014.9.2)

爬上公館鼻途中，向西南下看公館的2道海堤。(2014.9.2)

由西向東望見公館鼻臨海海崖，該海崖下方具有史前遺址。(2014.9.2)

公館鼻山頂有羊徑。(2014.9.2)

公館鼻朝西北延伸瘦稜。（2014.9.2）

海邊由西東望公館鼻，前景即雙花蟛蜞菊蔓性假社會。（2014.9.2）

公館鼻下火山岩塊走進太平洋。（2014.9.2）

公館鼻岬頂西瞰綠島北海岸西段。（含燈塔）（2014.9.2）

由人權紀念碑區海岸所見公館鼻。（2014.9.2）

公館鼻岬頂東瞰綠島北海岸東段。（端點牛頭山）（2014.9.2）

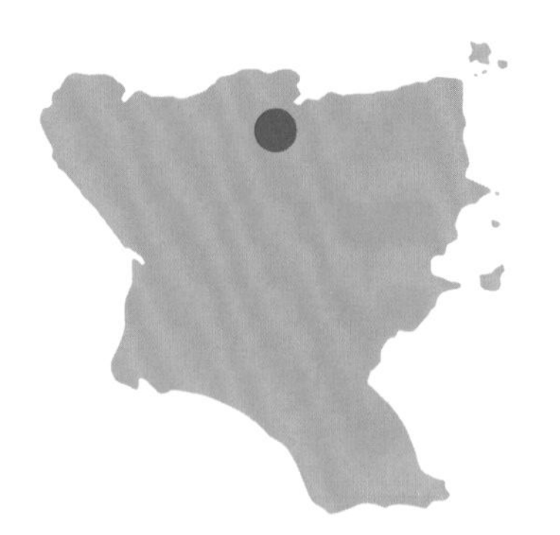

公館

公館聚落是泉州人拓墾綠島的最早期立足區。
（2014.9.3；陳月霞攝）

「綠島人權文化園區」碑。（2014.6.22）

公館船澳一過來，即落成於1999年12月10日的「綠島人權紀念碑」。背景即右邊的觀音岩（將軍岩）及左邊3塊火山岩影像重疊。（2014.6.23）

朝內陸海崖尚存有諷刺性標語「滅共復國」，是否改為「聯共滅台」更相符？（2014.6.23）

這棟建物存有幾個名字：「綠島人權文化園區」、「國家人權博物館籌備處」、「綠洲山莊」等，代表歷史流變的鑿痕。（2014.9.2）

綠島人權紀念碑向海側存有4塊火山頸岩，左側3塊1990年代以降被稱為「三峰岩」，右側一塊約1960年代以降被叫做「將軍岩」，但筆者首度來綠島即視其為「觀音或媽祖岩」。此無他，神佛無形、應物現形，不同時代、不同人，即應現為不同形像及名稱。（2014.6.22）

觀音媽祖岩。（2014.6.22）

觀音岩下的火山岩塊粒。（2014.6.22）

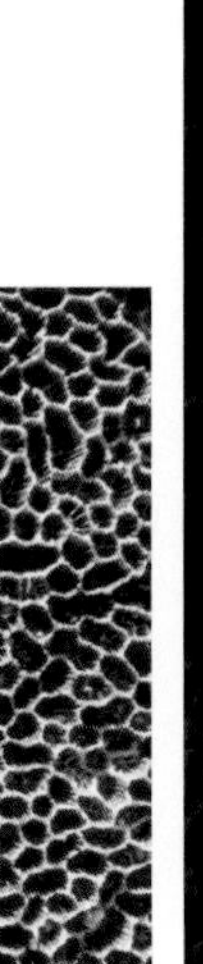

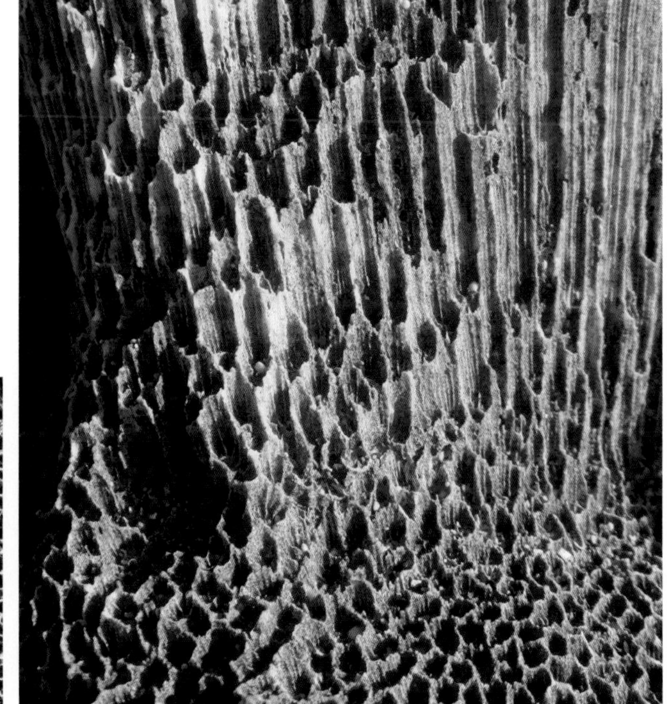

觀音岩下的珊瑚礁岩。（2014.6.22）

三峰岩剪影。（2014.6.22）

由綠洲山莊岩海邊西望左側觀音岩、右側三峰岩。白色砂灘盡屬貝殼砂。(2014.9.2)

由西朝東所見的「綠洲山莊岩」及左側的象鼻洞(鬼門關)巨岩。(2014.9.2)

三峰岩夕照餘暈。(2014.6.22)

象鼻洞於1950年代暨之前為舊式牛車路，也是政治犯被關進惡魔島的必經之路，因而謂之「鬼門關」。（2014.9.2）

由東朝西所見的「綠洲山莊岩」（左側）及象鼻洞。（2014.9.2）

從骷髏頭岩海邊拉近望向東北角的牛頭山海崖。（2014.6.23）

象鼻洞東側一塊斗笠尖的火山岩，外觀活似開口笑的骷髏臉，但其南面則被整製為「毋忘在莒」，且隔條公路即「新生之家」。（2014.6.23）

骷髏頭岩西側觀看牛頭山全景。（2014.9.2）

解說牌上的「新生之家」。（2014.6.22）

「新生之家」！（2014.6.22）

新生之家旁側的衛兵碉堡。（2014.6.22）

二樓高，監控政治犯的衛兵碉堡。（2014.6.22）

現今KMT誰人還記得「毋忘在莒」?!（2014.6.23）

「光復大陸國土」與現今的投懷送抱，讓台灣人錯亂！（2014.6.22）

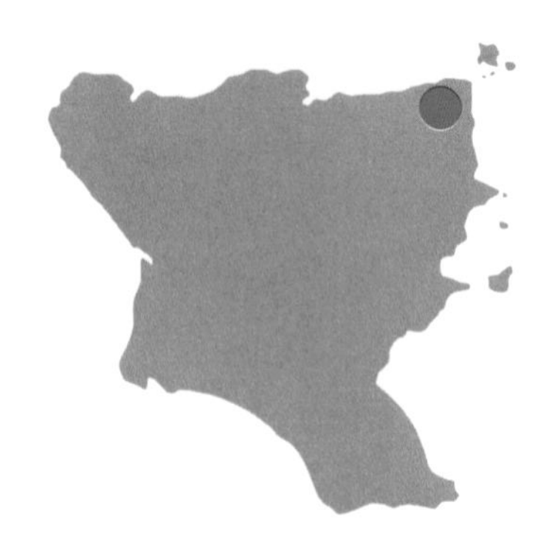

燕子洞

第十三中隊。左側是統治者鉅大的水泥柱；右上方即第十三中隊。（2014.6.23）

烏石腳即海邊一堆火山岩小丘，2008年因挖金熱潮，挖出了百具人類骨骸（請參考《綠島金夢》）。（2014.9.2）

由烏石腳望向海崖崩積坡上的第十三中隊，這裏一向是綠島人的禁忌地。（2014.9.2）

在烏石腳小丘頂東望牛頭山，「左牛耳」下方即燕子洞。（2014.9.2）

燕子洞口西望公館海岸。（2014.9.2）

燕子洞內向外看。（2014.9.2）

燕子洞內政治犯的排演舞台。（2014.9.2）

燕子洞口。（2014.9.2）

燕子洞內。（2014.9.2）

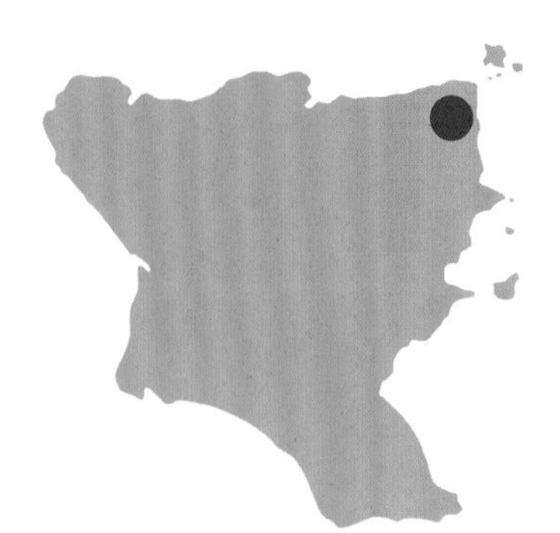

牛頭山

由環島公路東北段翻上牛頭山海崖平台，抵達牛頭山低草生地入口。（2014.9.2）

牛頭山「大草原」乃踐踏、放牧及火燒的結局。（2014.9.2）

牛頭山棧道。(2014.9.2)

牛頭山海崖頂平台東側設有「中華民國領海基點」解說牌。(2014.9.2)

牛頭山「草原」曾經是軍管區，士兵操演的硬體殘存在此。(2014.9.2)

牛頭山草地上兀立的火山岩柱。（2014.9.2）

牛頭山海崖及其下方海邊的烏石腳。（2014.9.2）

牛頭山平台「小牛角」。(2014.9.2)

牛頭山平台昔日軍用碉堡。(2014.9.2)

牛頭山軍用碉堡内下瞰公館等北海岸。(2014.9.2)

牛頭山岬角與海上的樓門岩、青魚嶼等。（2014.9.2）

東北角海中如同軍艦隊的樓門岩、青魚嶼等。（2014.9.2）

牛頭山海崖平台的東側可下瞰綠島東海岸北段的楠仔湖海岸，此北段東海岸呈現近乎直線的臨海珊瑚礁帶，以及無植物砂灘帶，然後向內陸出現草本帶及林投灌叢區。（2014.11.9）

牛頭山一山頭的日出。（2014.9.5）

牛頭山一山頭的日出。（2014.9.5）

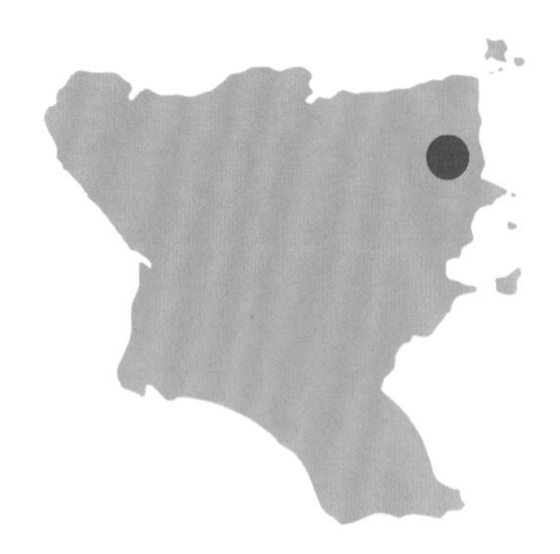

觀音洞

環島公路海拔最高的段落大致座落在東北角、東海岸中北段，以及東南岬角段。公路起點設在左機場跑道南端附近，3k即公館，6k在海崖上的觀音洞前。圖為觀音洞牌樓。（2014.9.2）

觀音洞牌樓。（2014.9.2）

觀音洞為高位石灰岩洞穴，下方為溪溝。(2014.11.8)

下瞰面壁的石筍型觀音。(2014.11.8)

由下往上看石觀音，其髮帶上長綠苔。（2014.6.22）

觀音洞地下河的岩壁上存有稀有的「鮞狀石灰岩」，也就是石灰石結粒有如魚卵而得名，乃因天然化學沉積的結果。（2014.11.8）

觀音洞上方附近的白榕支柱根景觀。(2014.9.2)

觀音洞石灰岩地形及小溪流。(2014.11.8)

楠仔湖

觀音洞牌樓前，公路6K小橋端，向海崖方向有一條小路可下走楠仔湖。循小路下走。（2014.9.2）

楠仔湖往海邊的分叉路口，左林投、中木麻黃、右稜果榕。（2014.9.2）

菲島福木又名楠仔，正是楠仔湖昔日盛產楠仔的反映。（2014.9.2）

楠仔湖大面積以黃槿、稜果榕為主的次生林。（2014.9.2）

楠仔湖乃半圓海崖頂下的崩積坡地及海岸平原的地形，且盛產楠仔而得名，此圖上端即海崖。（2014.9.2）

海崖端及海上小岩塊狀似貴賓狗。（2014.9.2）

楠仔湖海崖倒 V 字型山洞。（2014.9.2）

楠仔湖海岸甚奇特，先是寬約5、60公尺的臨海珊瑚礁岩，但礁岩被自然營力磨成平滑狀，顯示東北季風及海蝕的力道驚人，之後，接以寬約20公尺的砂灘無植物帶。（2014.9.2）

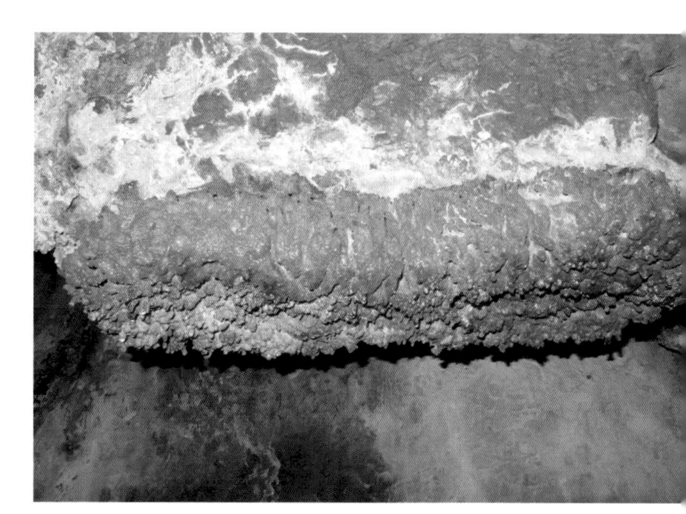

楠仔湖海崖山洞石灰岩壁。（2014.11.8）

平整的珊瑚礁岩帶。（2014.9.2）

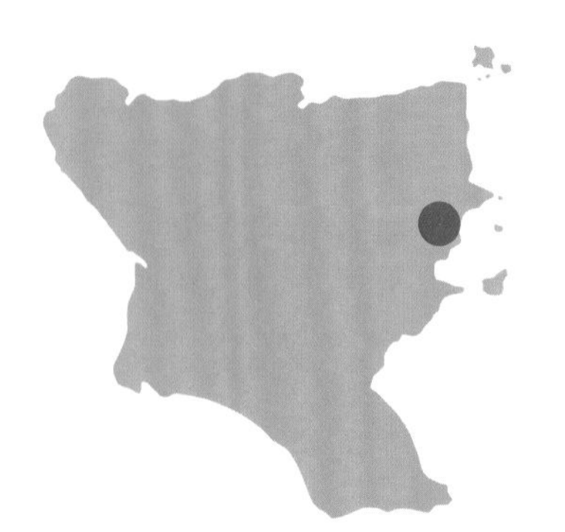

柚子湖

柚子湖屏風山。（2014.9.2）

柚子湖古聚落區的東北方向海邊具有一屏風狀小丘，阻絕東北季風暴潮，誠乃地理屏障，筆者稱之為屏風山。（2014.9.3）

柚子湖北端約3個海蝕洞打通後形成彎弓洞的外貌。（2014.9.3）

另一角度看彎弓洞外觀。（2014.9.3）

柚子湖海岸暮色。（2014.9.2）

柚子湖舊部落房舍。（2014.9.2）

彎弓洞後方的蓮葉桐海岸林分。（2014.9.3）

柚子湖臨海珊瑚礁區。背景為海埔姜半灌木、林投灌叢及海崖。（2014.9.3）

柚子湖海岸的貴賓狗岩（左）、屏風山（右）。（2014.9.5）

不同角度、不同時段，由洞內向洞外的彎弓洞視窗。（2014.9.2）

彎弓洞內陸區殘存小片蓮葉桐海岸林。（2014.9.3）

彎弓洞內石壁下半段為珊瑚礁岩附生上火山岩壁，可作地質、地體史變遷的解說。（2014.9.3）

彎弓洞外的潮池。（2014.9.5）

彎弓洞外眺藍天白雲。（2014.9.5）

石壁「山鼠」（2014.9.5）

左側石壁是彎弓洞的外側，上方有塊凸石很像老鼠。中間為貴賓狗岩以及蟲岩，右側為屏風山岩左角。（2014.9.5）

注意右側山壁凸出尖鼻觀音臉。（2014.9.2）

半月尖鼻觀音。（2014.9.3）

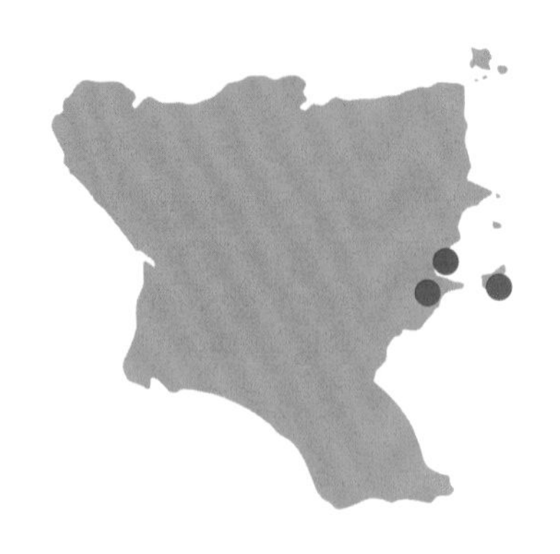

海參坪
睡美人岩
哈巴狗岩

由公路旁、海崖頂俯瞰左側哈巴狗岩、右側睡美人岩。（2014.9.3）

哈巴狗岩也頗像是宮崎駿《風之谷》的王蟲。（2014.9.3）

睡美人岩也可視為木乃伊，但睡美人有胸尖。（2014.9.3）

睡美人岩的「胸尖」處，設有省府地政處測量局的四等控制點。（2014.9.3）

於海參坪所見哈巴狗、睡美人岩長條帶剖面圖。（2014.9.3；楊國禎攝）

在中研院鄭明修研究員等人的努力下，曲紋唇魚（Cheilinus undulatus，又名蘇眉魚、拿破崙魚、龍王鯛等）自2014年7月起，被公告為台灣保育類野生動物，嚴禁捕殺。牠分佈於印度・太平洋區，早被聯合國IUCN、 CITES等列為瀕危保護物種。牠在台灣海域只剩數十隻，綠島也剩下幾隻而已，牠通常出現在3、40公尺深的海中，蔡居福先生估計如今殘存約12隻，過往一群大多有4、5隻，今則1、2隻或散存各區域。（鄭明修提供）

在睡美人「胸尖」附近俯瞰哈巴狗岩已不成形，變成有點類似彈塗魚頭。注意哈巴狗岩下方存有個山洞，山洞下的海域長期棲住著一隻鉅大的龍王鯛。（2014.9.3）

睡美人岩海崖頂台灣海棗社會。（2014.9.3）

睡美人岩海崖頂在放牧壓力下，形成竹節草等低草生地。圖中灌木即台灣海棗。（2014.9.3）

由南向北看睡美人岩，山洞處即頸部，其右為頭部，且向右逐漸低落向海的岩塊，或可視為髮髻綁成一節一節。（2014.9.3；楊國禎攝）

越過此一低位海崖即可看見睡美人頸（海蝕洞）（2014.9.3）

睡美人頸海蝕洞，右側為頭部。（2014.9.3）

由垃圾掩埋場下到海邊，再朝北走，越過圖中這塊低位海崖，即可朝向睡美人岩頭下海蝕洞穿越，走進海參坪。（2014.9.3）

垃圾掩埋場下方海邊與睡美人頸之間的凸出低位海崖，遠處海崖外觀有若鱷魚頭。此鱷魚頭岩的向海先端，從西南面朝東北方向看，即「孔子面壁岩」之所在。（2014.9.3）

睡美人頸海蝕洞。（2014.9.3）

睡美人頸海潮區。（2014.9.3）

由公路海崖俯瞰，遠處是哈巴狗與睡美人岩；近處的火山岩塊即仙疊石。（2014.6.24）

位於海參坪北端的仙疊石區。(2014.9.3)

仙疊石即火山頸岩。(2014.9.3)

海參坪南端，左上為哈巴狗岩。(2014.9.3)

仙疊石有點像蝸牛。(2014.6.24)

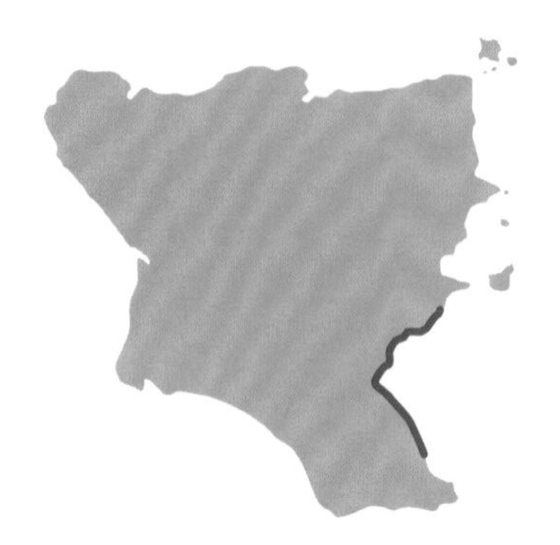

東海岸南段

鱷魚岩的鼻端有一小塊直立岩，即所謂「孔子面壁岩」；從特定角度看，綠島人又謂之「孔子尿尿岩」，殆因過往教科書孔子立像的樣版印象所造成。（2014.9.3）

水芫花。(2014.9.3)

溫泉部落北方的水芫花植株有可能是全台灣最高大者，約3.5公尺。(2014.9.3)

過了孔子岩南下所見，標高131公尺的海崖小山頭下，內凹海岸線右側即舊溫泉部落；此山頭下方偏南即火雞岩所在地。（2014.6.24）

溫泉部落區的海岸景觀被破壞得很平淡。（2014.9.3）

所謂的火雞岩或駱駝岩，只是不起眼的小塊火山岩。（2014.9.3）

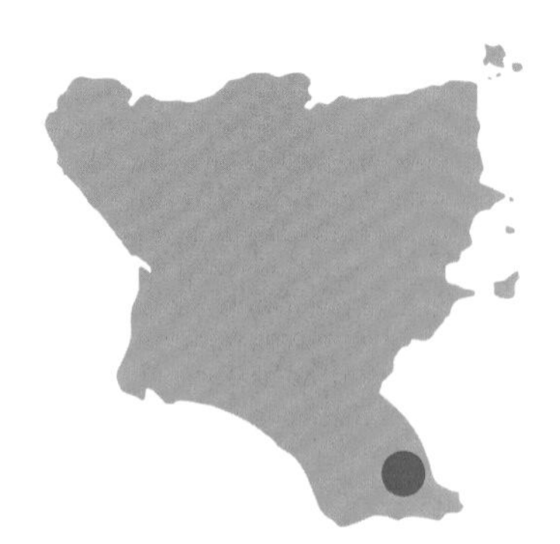

朝日溫泉

朝日溫泉海景。(2014.6.23)

最早期的朝日溫泉即步道盡頭的3小池。(2014.9.3)

朝日溫泉池。（2014.9.3）

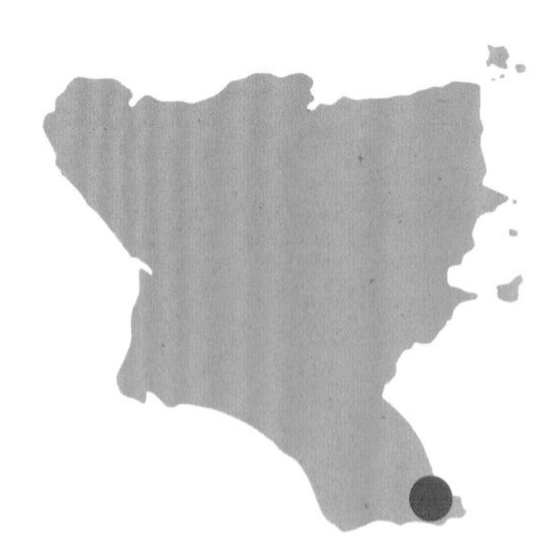

帆船鼻

帆船鼻海崖平台低草生地，俗稱大草原。（2014.9.3）

帆船鼻海崖平台上昔日的軍事碉堡。（2014.9.3）

帆船鼻海崖平台上昔日挖掘的散兵坑。（2014.9.3）

帆船鼻東北支稜海崖的崩塌嚴重，下方為臨海珊瑚礁岩。（2014.9.3）

帆船鼻原名「翻船鼻」，乃因黑潮由南北湧迅速，其與靠岸海水有一交會帶，如本圖海面左上往右斜下的一條許多S字形連結線（些微白浪頭），很容易造成翻船故名之（2014.9.3）。此地是觀看黑潮的最佳景點。

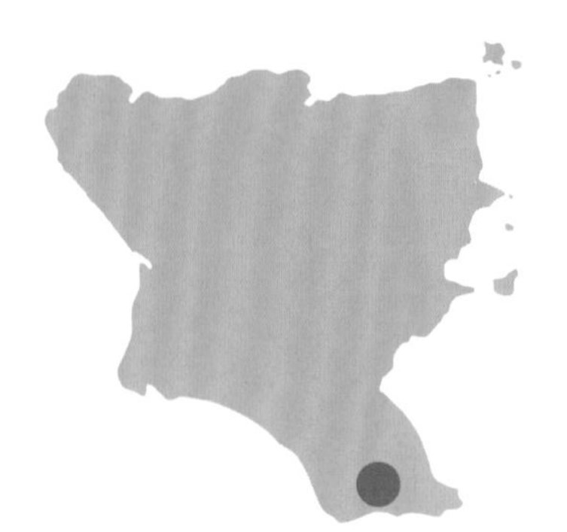

紫坪

山豬鼻。（2014.9.3）

山豬岩暮色。（2014.9.3）

由帆船鼻海崖右側（西南向）小路可下抵一海灣，此海灣以水芫花社會為顯著。越過圖中這塊「山豬岩」往西行，即進入紫坪潮池區，但一般遊客宜由公路，走紫坪棧道下紫坪。（2014.9.3）

帆船鼻暮色。（2014.9.3）

筆者在紫坪潮池區。（2014.9.4：楊國禎攝）

紫坪區靠內陸的涼亭。（2014.9.4；楊國禎攝）

紫坪擁有全國最密集的珊瑚礁岩上的水芫花大群落。（2014.9.4）

往紫坪棧道，兩側栽植蓮葉桐，而自生以稜果榕為大宗。（2014.9.4）

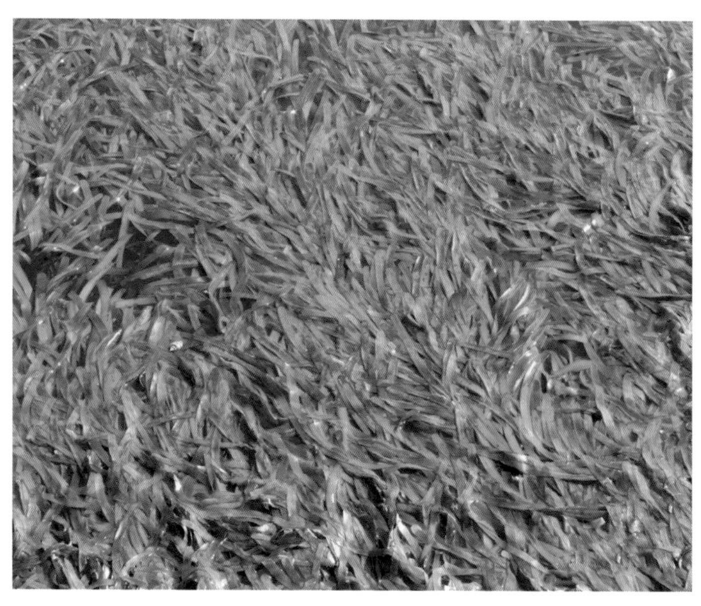

泰來藻植物社會。（2014.9.4）

紫坪恆浸泡海水的泰來藻海水生植物社會。（2014.9.4）

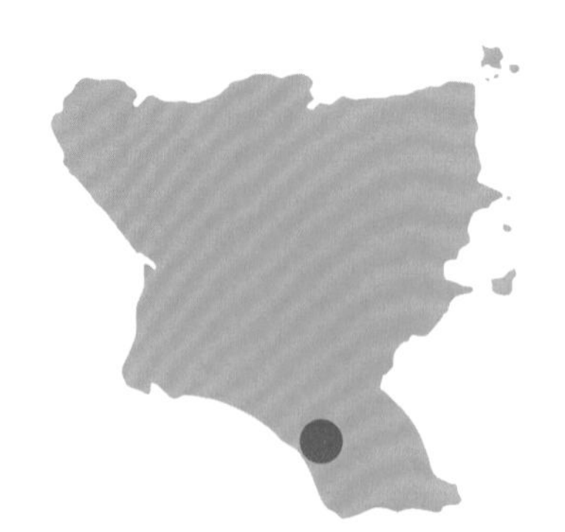

大白沙

大白沙砂灘傍晚景緻。（2014.11.8）

大白沙全景。（2014.6.24）

大白沙灘地上的「灘岩」，外觀像是人為棄置的水泥板，事實上它是純天然的海水中，由微量碳酸鈣在珊瑚及貝殼碎片上，重複乾濕交替凝固的作用，膠結成如此的「水泥板」。（2014.11.8）

大白沙潮間帶崩崖滾落的火山安山岩塊。（2014.9.4）

大白沙潛水區步道。（2014.9.4）

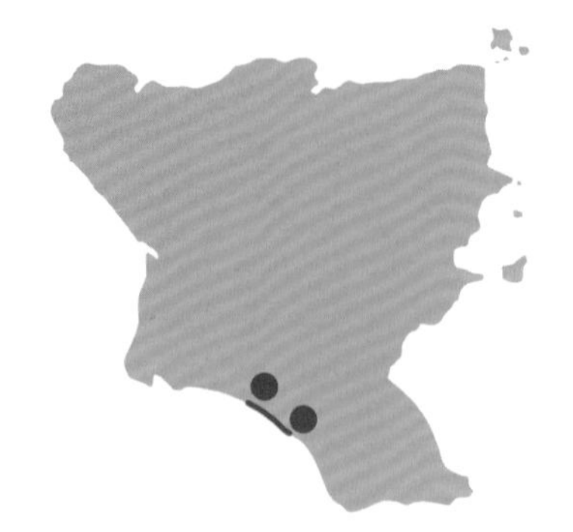

石洞隧道
馬蹄橋

馬蹄橋下即綠島人口中的「大溝」，環島公路未開通前，綠島人利用退潮時段，跳經今圖中下方被海水淹蓋的大石塊上橫越。（2014.11.8）

馬蹄橋東南端附近另有一道小橋，小橋（公路）靠山區側有一狹溝大洞，昔日因有人為養殖龍蝦等海產而名之「龍蝦洞」。（2014.11.8）

馬蹄橋竣工於2002年4月。（2014.9.4）

石洞隧道的西北入口。原本公路是沿右側海崖開鑿，因崩陷才開挖此洞，當年開挖的人力即政治犯，而非「大哥」。（2014.6.23）

馬蹄橋附近地段曾經發生過大浪將人、車捲下海的事故，包括警察、警車及工人等。（2014.9.4）

石洞隧道上方其實是裂開的巨大岩塊，曾有地質（理）學者擔心會掉下來。（2014.11.8）

石洞隧道東南出口的小景。(2014.6.24)

石洞隧道（今被商業炒作，名之為大哥隧道）東南端出口的海岸，別有一番洶湧與波濤。（2014.6.24）

石洞隧道東南出口與發亮的西北出口。（2014.9.4）

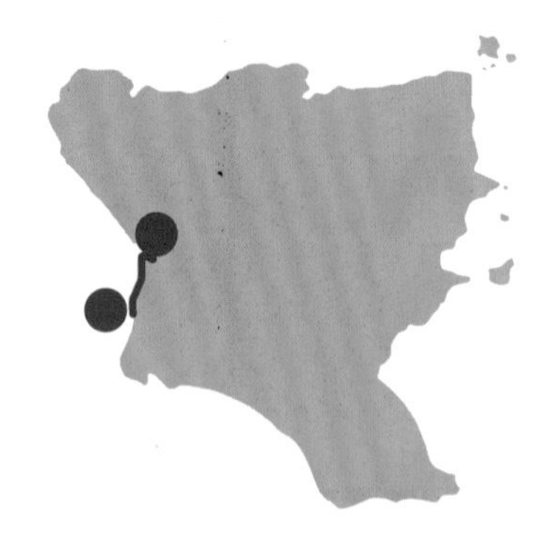

南寮漁港
石人浮潛區

石人潛水區。（2014.9.4）（2014.6.24）

浮潛遊客。（2014.9.4）

石人潛水區游魚。（2014.9.3；陳月霞攝）

龜灣附近被侵蝕後的火山岩塊如同石菠蘿。（2014.9.4）

石人深潛所見魚群。（2014.9.3；陳月霞攝）

南寮人工海岸。（2014.9.4）

南寮海堤。（2014.9.1）

南寮漁港。(2014.9.1)

火燒山頂拉近拍南寮漁港。(2014.11.9)

南寮海堤下，為了迎合不相干的〈綠島小夜曲〉歌詞中的「椰子樹的長影」而種植反生態的椰子樹。(2014.9.4)

火燒山頂所見綠島西海岸北段。（2014.11.9）

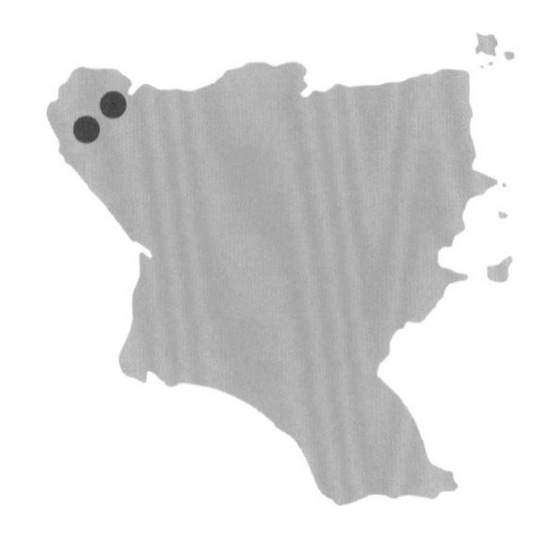

中寮
綠島機場

公墓區所見燈塔。（2014.9.4）

機場跑道。（2014.9.4）

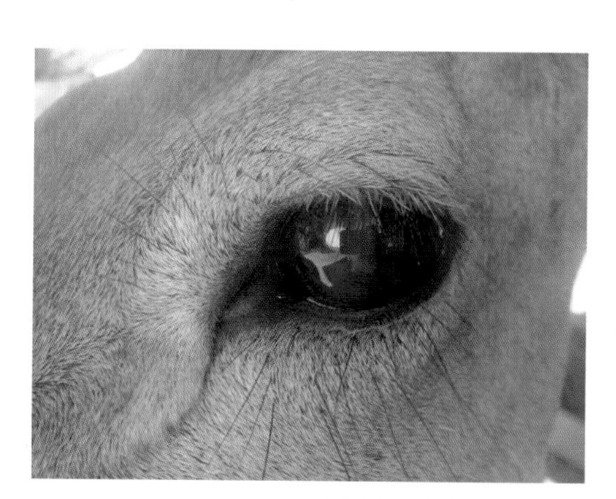
綠島梅花鹿。（2014.6.22）

機場外側海岸。（2014.9.4）

2 綠島的地質及地體變遷

綠島地體大約是在2百多萬年前開始，由海底火山爆發所形成，火山的活動約在50萬年前停止迄今。而海底火山之所以爆發，起因於菲律賓海板塊向西北移動，從而產生條帶狀的火山弧。這條帶狀火山弧的前緣，大約在40萬年前，在台東成功附近撞上了海岸山脈。而綠島由於空間位置在火山弧的中後段，擠壓的力道尚屬相對輕微，因而到目前爲止，綠島向上躍升的速率，平均每年只約0.34公分。估計40萬年後的綠島，不僅平面位移已經與台東市閉合，海拔高度或可以超過1,360公尺（陳于高，1993；陳正宏、劉聰桂、楊燦堯、陳于高，1994；姜國彰，2003）。

然而，現今綠島的地形，乃歷經多次海進、海退，以及種種侵蝕所造就。其原生生態系也在海進、海退或冰河期、間冰期更替，由台灣、菲律賓巴丹群島、蘭嶼、琉球群島等島鏈之空傳或海漂的種源演化而來。

茲依據林朝棨（1967）及陳正祥（1993）推演綠島的前世今生（筆者加以改寫）如下。

火山島的綠島，全島幾乎全由集塊岩及安山岩的熔岩所構成，它與蘭嶼及菲律賓北部的火山屬於同一地脈。綠島最高山的火燒山（海拔約280公尺），地偏西南，以及全島次高，位於島中央的阿眉山（海拔約276公尺），兩者都是海底火山口的遺跡。

綠島的地表約有5、6段海階（主要以紅土構成）。火燒山的西南側，存有最高的平坦面，海拔約250公尺；阿眉山以北至牛頭山一帶，見有海拔約200公尺的第二段（層）平坦面；往下又有150公尺、100公尺、50公尺及15公尺高的各級階地。這些平坦面或階地，都是海蝕階的地面，而不是熔岩所形成的台地面。茲將它們形成的過程分述如下：

1. 最初，海底火山噴出「油（柚）仔湖集塊岩層」，筆者推估約在1～2百萬年前。此岩層含有黑色或暗灰色的普通輝石安山岩，以及含橄欖石的普通輝石安山岩的大、小石塊，這些安山岩塊呈現亞稜角形。

日本地質專家市村教授將綠島的集塊岩，依據其所含有的安山岩的礦物成分、產狀，以及噴出的時期，依時間順序，區分爲「柚（油）仔湖集塊岩」、「龜灣集塊岩」、「牛子山集塊岩」，以及「阿眉山集塊岩」。

2. 後來，海底火山再次噴出了「龜灣集塊岩」，掩蓋在「柚仔湖集塊岩」之上，呈現塊狀或不明顯之成層狀。龜灣集塊岩中的安山岩，含有特別多的角閃石。

   龜灣集塊岩局部分佈於北海岸之流麻溝、牛頭山、公館、龜頭角各地，但最廣大發育地在本島南部。

3. 地盤上升，大部分現今的綠島露出海平面。

4. 第三次火山爆發，噴出了「牛子山集塊岩」，以及「阿眉山集塊岩」（最後一波）。牛子山集塊岩盤佔綠島的西北半壁，或北半部，面積最廣大，地層也最厚，且覆蓋在龜灣集塊岩之上。牛子山集塊岩以露出在中寮地區者較標準，由灰色、暗灰色之角閃石安山岩及黑雲母角閃石安山岩所構成，偶夾有黑雲母角閃石安山岩之熔岩流。

   阿眉山集塊岩則形成了阿眉山（海拔275公尺）地域，它覆蓋在牛子山集塊岩之上，乃綠島火山活動末期的產物，它是黑色或暗灰色的橄欖石安山岩塊。

5. 火山活動停止後（估計約50餘萬年來），接受相當長時期的侵蝕，因而地表逐漸平坦化，形成火燒山、阿眉山及其附近的，海拔最高的一層平坦面。而火燒山及阿眉山，可能就是當時平坦面上的蝕餘殘丘（monadnock）。

6. 此一平坦面向上抬升（或說進入冰河期，海平面大大下降），形成台地，但因侵蝕作用，面積變小。筆者推測，約在32萬年前開始，冰河期結束，而熱帶植物等，開始進入綠島，形成第一批島嶼雨林生態系。

7. 接下來可能進入間冰期，海平面上升，綠島除了火燒山及阿眉山的山頂附近小地區之外，全島沒入海中。由於受到海水的平坦化作用（marine planation），形成現今綠島海拔約200公尺的那個第二層平坦面。在這段泡在海中的時期，絕大部分第一批原始雨林生態系大滅絕。

   筆者推測，這段間冰期發生在32～10萬年前期間，也就是里斯（Riss）冰河期與沃姆（Würm）冰河期之間。這是第四紀中，發生最大的一次海進（陳玉峯，1995）。

8. 大約在11～5萬年前（筆者推論）的沃姆冰河期尖峯時段，海平面下降，綠島今之海拔約200公尺的平坦面冒出海面，並且，在其下方的海濱地區形成新的海蝕平台，也就是今日海拔約150公尺的海蝕階地。
9. 筆者推測，5～3.5萬年前，綠島又下沉，或應該說海平面再度上升，而海蝕平台上生長著珊瑚礁，也就是現今海拔約100公尺的階地以及其上，爲何覆蓋著高位隆起珊瑚礁的由來。

   阿眉山西方8百公尺附近，見有高位珊瑚礁，即是本期所形成。
10. 約在3萬5千年前，氣候又冷化，綠島陸地又上升，在當時的海濱復形成新的海蝕平台，而後，陸地又稍微下沉，從而生長著珊瑚礁，也就是現今海拔約50公尺的階地，以及其上覆蓋的中位隆起珊瑚礁。

    此一中位隆起珊瑚礁，可在流麻溝入海口的南方階地上見及。
11. 筆者推估，約在1萬8千年前，氣候又急冷下來，綠島陸地則繼續上升，當時的海岸又受到侵蝕，形成新的海蝕平台，也生長著珊瑚礁，此即現今所見，海拔10～20公尺隆起海蝕台，以及低位珊瑚礁的由來。
12. 絕對性的陸地上升（板塊擠壓，間斷發生的斷層逆衝），從綠島火山爆發以來，一直在發生。因此，近1萬年來，雖然氣候呈現最穩定，但綠島仍然繼續上升，也形成新的海蝕台，產生現生的珊瑚礁。目前，若干新生的海蝕台及現生珊瑚礁已露出海平面。
13. 尺度更微細的變化，在過往1萬年來仍然不斷地上下震盪。例如西元1350～1800年期間，殆屬小冰期，年均溫較今約下降了1℃，筆者粗估，綠島在此4～5百年間，海平面較今低了10～20公分，而1800年迄今，則海平面漸上升；另可推測1800年迄今，自然海漂進入綠島的新物種可能呈現新一小波高峯期，但相較於人爲帶進來的外來種而言，微不足道。

綠島在誕生、出海以來，從未與台灣島相連結過，而始終以深海相隔離，加上黑潮主流北溯，候鳥等動物及風力傳播效應，故而生物區系與蘭嶼、菲律賓北方島鏈，乃至琉球等，密切相關。

綠島的海岸多呈斷崖或陡坡，特別是東岸及南岸，因而較欠缺平地可供耕作或建立聚落，只西北部沿海多平坦地，形成村落。海岸線下，全島環生以現生珊瑚礁群。東南角海岸有溫泉。

全島水系則依中央輻射而出順向小溪，其切割陡深。除了九母龍溪及流麻溝溪之外，平時都無流水，但暴雨過後，才形成小洪流。

綠島的地形、地勢，以坡度分級劃分如下：坡度5～15度者，254公頃（15.2%）；15～30度者，458公頃（27.4%）；30～45度者，564公頃（33.7%）；45度以上者，69公頃（4.1%）；珊瑚礁石，329公頃（19.6%）。

1942年出爐的《台灣總督府火燒島與紅頭嶼實地調查報告書》（轉引陳正祥，1993）指出，1941年的調查顯示，林地面積僅剩168公頃（12%）；草生地有742公頃（54%），當時殘存的林地，主要分佈於火燒山附近。推測大部分被毀的森林，乃華人移住之後發生。

綠島的人口，1920年有1,472人；1940年有2,277人；1950年爲2,766人；1960年底有561戶、4,217人（男2,586，女1,631，性別比例高達159），包括達悟族4戶、13人；外省人616（男445、女171）。然而，這些數字不包括「幽冥世界」的「政治犯」監獄區。

1960年的統計，華人移民的原籍主屬泉州，多分佈於北岸，村落9處。

綠島植物的早期採集調查暨其文化點滴

1854年4月20日，蘇格蘭人羅勃特・福穹（Robert Fortune, ?～1880.3.13）由福州搭船抵達淡水港，在淡水海岸地區採集植物，開啓台灣現代博物的植物學研究序幕，自此，西方人士（以英人為主）斷續來台採集。

1896年，英人奧古斯丁・亨利（Augustin Henry）發表「台灣植物目錄」，登錄顯花植物1,283種、隱花植物146種，大約是台灣原生物種的3分之1弱。

1854年至1896年的42年期間，算是台灣植物研究的前期。而日本治台之後，台灣植物研究始告進入全面而完備的時代，且從1896年以降，上山下海，全境採鑑且發表熾熱。

1905年，台灣總督府成立植物調查課，由川上瀧彌主任領銜，成員有中原源治、森丑之助、島田彌市、佐佐木舜一等諸大將（陳玉峯，1995）。

於是，地處偏遠的綠島，開始有了植物學的正式採集、調查。

1906年2月，中原源治創下綠島植物探索的發端。

歷史上第二次綠島植物採鑑者，是1907年8月的小林善藏。小林氏後來任職於澎湖白沙公學校。

綠島植物第三次的採鑑，是1912年7月，佐佐木舜一所爲。

而相馬禎三郎於1913年6月，在綠島採集的石斛類蘭花，經早田文藏博士於1914年發表爲綠島特產種的「火燒島石斛（Dendrobium kwashotense）」（島田彌市，1917）。直到1978年，該植物才被認定係同於斯里蘭卡、中南半島、馬來西亞、印尼到菲律賓的「鴿石斛（Dendrobium crumenatum）」。

1915年7月，相馬禎三郎再度前往綠島大規模採集；1916年9月20日相馬氏突然病故，《台灣博物學會會報》特地在第七卷第32號，製作了紀念他的專輯附錄，其中，伊藤武夫（1917）撰寫的「火燒島的植物」，就是依據相馬氏1915年7月的採集品，以及殖產局標本館歷來所收藏的上述中原源治、小林善藏，以及佐佐木舜一等三人的採集標本，整理出256種植物的名錄（雙子葉183種、單子葉45種、隱花植物，即蕨類28種），是即歷

史上第一份最完整的綠島植物名錄。（註：之前，佐佐木舜一於1911年另有發表一份植物名錄）

伊藤武夫（1917）破題即先說明，他是爲了完成相馬禎三郎生前未完成的志業（之一）：計畫編撰火燒島的植物目錄，因而不揣鄙陋，效法川上瀧彌的「彭佳嶼植物調查」、佐佐木舜一的「蘭嶼植目」，從而撰文，用以告慰相馬氏的在天之靈。

也就是說，綠島植物之走入現代研究的列車，相馬禎三郎是關鍵人物之一，而他是何許人也？他與台灣文化有何相干？他又與筆者有何因緣？爲什麼我要在撰寫綠島部分生界之際，特地向國人引介他？

說來話長！

因緣與業力

如同食草牛隻的反芻，帶有演化上之所以成功的特定意義，人類對文化史上特定的思想概念，總是反芻再三，並開創嶄新的理念或思潮；人的一生當中，更常見對早年特定的際遇、經驗，一再回味、沉吟，從而左右生涯路的關卡或一輩子的成就或成敗，即令非關成敗，也在在影響他成爲「怎麼樣的一個人」或人格。

以宗教或形而上的概念來說，每個人或生靈，總是受到至少三世兩重因果的影響，假設靈魂（或意識）不滅，每個人在探索其生命的究竟意義，大概就是儘可能消除DNA所帶來的前世的「業」，無論是好的、不好的，或中性的，但是，他在一生的遭遇過程中，一方面消除前世的「業」，另一方面也不斷製造新的「業」，而所謂「修行」的精義，大致上就是除掉「惡業」、增長「善業」，用以達到「無業、無因果」的靈的境界，且即修即行，當下了卻。

任何起心動念乃至行爲，都是「業」，而「業」有大有小、有直接有間接，迂迴複雜得不可言說，生態學所說的物物相關、相牽相引、相生相成，也正是「業報輪迴」。大的「業」，就是左右一個人再三反芻的經驗、際遇，以及他的應對或處置；更龐大、深遠的「業」，就是文化遭遞、蛻變，或集體交互影響的內涵，或可簡稱爲「共業」。

以筆者而言，我與台灣土地山林生界，必然存在深遠的不可知的因緣或「共業」。而我於1976～1983年間，在台大植物系圖書館、標本館的際遇，便是開啓一生「共業」的觸媒。我從日治時代的文獻、文物（標本），擊發我屬靈的天責或諸多的「善業」。

簡單舉例說，一個人看書、聽音樂、賞析藝文等，如果當下受到大刺激，通常代表他被喚起前世的「業」；人之所以特別激賞特定思想、言論，象徵他本來具有如是潛存的想法，只不過別人（前人）替他轉化爲文字或載體而已。

我是受到1910、1920年代在屏東任教的松田英二的文章直接刺激，才間接想要認識相馬禎三郎的事蹟，但我對松田英二幾乎一無所知，只從文獻上依稀得知，他是日治中葉台灣的博物學家，採集植物、貝類；他在1924年編纂了台灣的貝類目錄。然而，1917年12月，松田英二發表的「追思相馬先生」短文，對我在大學時代，烙印下深沉的印痕，以致於在隨後36、7年來，不斷地在演講、撰文上，宣說著他這篇來自台灣土地屬靈的音聲。

自然的研究可以是靈界的溯源

松田氏先是訴說難以接受相馬氏的意外身亡，因爲他篤信：「志業未完成之前，人是宛似不死的！」而先是2年前，川上瀧彌以44歲英年遽逝，整個台灣植物學界就已感受非常寂寞，如今竟然相馬氏也跟著仙逝，更加深了孤城落日的感嘆，而他以謙卑感傷的心境表達，很想代替相馬氏前往幽冥。

然後，他讚嘆相馬氏是位自強不息、偉大的奮鬥者；相馬氏是一肚子不合時宜，不屑當時「曲學阿世、傲慢怠惰的學界風氣」的耿介之士，更是具有赤子之心的勇者，他說：「台灣要成爲美麗島，委實需要數十、百位的小相馬吧！」

接著，他寫出了令我激賞的話語（我略加改寫）：

「……光是進行自然界的研究，無論如何都是不夠的，面對相馬氏的死亡，我有了強烈的感覺。

當然，自然的研究是一項高潔的志業，我以爲世界上沒什麼更重要的事了。然而，當我目睹『死亡』這個大事實的時候，我似乎被引領著，要去尋求自然研究之上的某種東西啊！

我想五感（註：唯物科學）的研究之外，更需要第六感的探索。西洋有：Be right with God and all will be right的諺語。所謂自然的研究，不是多數世人所認爲的，樹木與花草的研究；不是石頭與土壤的研究；也不是蟒蛇與蚱蜢的研究，而是透過這些，去敬拜背後的造物主或神的虔敬。

曾經有人質問我採集植物的目的，我以爲如是：

進入山林的目的只有一個，

想要看看聖父的奇異的事業！（註：原文是以日本短歌的文體撰寫）

我的目的在此。說採集、研究，只不過是爲了觀察更深奧的，廟堂宮殿之上的『某種東西』的程序而已！

（不是給別人看的，而是爲了將來的回憶而書寫者）」

當我初睹這段文字的瞬間，高一（1970）時代閱讀過的斯賓諾莎的話語浮現腦海：「最大的善，就是能使我們的心靈和自然整體相聯的知識。」

也等同於2007年以降，我對印度的「薄伽梵」、《吠陀經》的感受。

對於曾經看過我書寫同樣文字的讀者們，我得說聲：請原諒我的重覆，這似乎並非我的「不長進」，而只是我生命中的眞實！

但讀者切莫以爲1970、1980年代，我就讀台大植物系所的氛圍如是，恰好相反，我的老師、同學們似乎只堅信唯物科學的冰冷或冷酷，至少表象上，絕大部分的人都屬於不敢正視自己內在領悟或感情的機械論者，或說，都是科學決定論的忠實信徒。毫無疑問，當時我也是。

大概是2005年吧？我的老師陳榮銳教授對我說：

「我一生的遺憾之一，就是沒能讓你回來母系任教！」

當時，我的確也有類似的遺憾。然而後來，我得坦白：幸虧我沒能順利地留在台大（我只擔任植物系助教3年），雖然我一生擔任大學教職並不順暢，但我還眞感恩我的「坎坷」！

1980年代中葉以降，我之所以投入搶救山林、繁多的弱勢運動，此等文化根源，都是我的「靈糧堂」、我與台灣的「共業」的一部分，而不忌諱與整個台灣林業界、學界「爲敵」，更不屑「國科會」吃人制度的「腐蝕」，但更精準地說，我心目中並沒有與誰爲敵或不屑什麼的思維，基本上只是順著內在的眞實感，一路走下來而已。

當然，我在台大期間，接受日本人（明治精神、德國思潮）的啓發案例甚多，而眞正啓迪我內在價值及信仰的，將近40年台灣山林、土地的自然生界，毋寧才是更眞實的「實體」，卻也藉助前人的感受而印證。

過往沉迷在「匆忙」的人間道，太多不必要的自我羈絆，欠缺沉澱或放下妄相，如今殆也沒什麼文章的制式、規矩矣！

相馬禎三郎

人世間所謂的「共業」，常常只是權勢者一念之間的流轉所蔚成，而他的「一念」，既受到他個人的偏見、偏執、偏私、智慧高低所左右，當然也受到社會先前的「共業」所影響，然而，「當權」的確、絕對可以興邦、喪邦，造福或遺禍百代。

日本天皇指派的第四任台灣總督，陸軍中將兒玉源太郎（1898.2.26～1906.4.11），他信任、重用具有研究調查狂的後藤新平（1857～1929年；1898～1906年擔任台灣僅次於總督的掌權職位「台灣民政長官」），也因為兒玉忙於日俄戰爭，更讓後藤實質揮灑台灣大政。兒玉、後藤於1901年9月，任命新渡戶稻造（1862～1933年；台灣糖業現代化推手，曾經是1984～2004年流通的5千元日本鈔票的幣面人物）為總督府的「殖產局長」，而新渡戶恰好是川上瀧彌的老師，因而新渡戶延聘川上瀧彌於1903年10月來台，擔任相關農業試驗工作及「國語學校講師囑託」。這個國語學校，便是後來台北師範學校的前身。

1904年1月，川上氏升任台灣總督府技師，負責農商課勤務等等工作。他是位有遠見的農學專家，升任技師後立即展開「有用植物調查事業」，也就是「假借」經濟目的的理由，暗渡純粹植物學術的調查研究。他擔任「有用植物調查事業」的主任，在此「事業」掩護下，1905年才能設置「植物調查課」，全面開展台灣原生植物的採集調查，並得到早田文藏協助系列新種的發表，並奠定台灣植物分類學根基，進臻與歐美並駕齊驅的地位。

有了大體制的名正言順，更需要當時社會文化或人才、知識、智識足夠的水準，才可能產生研究究理的氛圍或背景。

體制內的植物調查成員，即第一位正式採集綠島植物的中原源治，台灣山林鬼才或怪咖的森丑之助，筆者最推崇的台灣植物及植被專家佐佐木舜一，以及島田彌市等諸將才。而實質採集調查的人才，其實包括許多「業餘或民間人士」，例如國語學校的永澤定一及相馬禎三郎，屏東小學校的松田英二，等等。

而川上瀧彌與新渡戶稻造或深諳西方科學社群的發展，他們深受明治維新以來，西化思潮暨日本傳統文化結合的涵養，即令在總督府集權體制下，川上氏一來台便想成立博物學的專業社群，而專業社群，意指特定學說、學術發展到一定程度之後，具備充分的理論、發行特定的期刊、蔚為獨特的學科或學門，從而形成獨立自主、不受政權支配的學術系統，例如醫學、藥學、動物學、植物學、地質學……，以及再衍展龐多的分支，有其權威、專技、專業的判斷標準或典範，容不得政治力、金錢等外力的左右（例如現今台灣「三師」資格、考核由教育部掌控，就是政治力左右專業的惡政）。

川上瀧彌在一百多年前的1903、1904年就想設立台灣博物學的社群，但得遲至1910年才能正式成立「台灣博物學會」（相當於NGO），並於1910年12月10日匯聚十餘位同好，召開成立大會。這些創會會員，即如川上氏本身、木村德藏、島田彌市、佐佐木舜一、澤田兼吉、森丑之助、相馬禎三郎、岡本要八郎、菊池米太郎、楚南仁博，等等。1911年1月，他們在國語學校舉辦第一次集會，入會費每月10錢，網羅當時動物學、植物學、礦物學、人類學、地質、氣象的菁英人士，並發行《台灣博物學會會報》。

相馬禎三郎，日本千葉縣山武郡大富村人，1880年生，該縣師範學校畢業，1907年4月，則由東京師範學校農業專修科畢業；1910年來到台北，擔任台灣總督府國語學校（後來改成台北師範學校）的助教授，也就是說，31歲的年輕相馬氏來到台灣時，恰逢《台灣博物學會》開創，同時也是台灣植物採集研究的高潮期，他自然而然地投入。

然而，相馬氏的職銜是助教授，職業是教書及農業的自行研究，關於台灣植物的採集，是個人嗜好，是利用教書、試驗之餘的自費探索。他住在台北龍口街的公家單身宿舍，當時，學礦物的岡本要八郎（1917）敘述，雖然同一宿舍的人不同行，但在探討自然的大方向上有志一同，因此，「與醫學院的春原君、殖產局的島田君，一齊（去找相馬氏）上去，從沒有一、二個小時就結束的。那時，我在台灣沒有圍棋、日本象棋（將棊）、歌謠（能樂歌詞）的朋友，也未曾與機關有關人員的來往，只有訪問二、三畏友，趺坐閒聊，那是最大的樂趣……」

也就是，一群研究自然科學、意氣風發的年輕人，如同「盍各言爾志」般地，相互鼓舞、慰藉。

岡本要八郎對相馬禎三郎的印象就是：

「壁櫥內堆積如山的植物標本，櫥櫃及箱內滿滿地陳列標本而埋首其間。一週有六天或在教室或在農場，無論刮風下雨都在揮汗的樣子，剩下的一天都在野外，他一出門，就是一大桶採集箱（註：鐵皮製，長約5、60公分，高、寬或徑約20餘公分，橫放，加一背帶，有蓋子、可密閉，用以保濕活體標本，以利觀察記錄，日治時代野外採集必備工具之一，1970年代末葉我在台大植物系標本館內尚有見及，先前職員高木村先生在日治時代即擔任日本學者野外採集時，扛背此一採集箱者。我曾試背，坦白說，很不方便，因而後來都改採輕便的塑膠袋）、鐮鎗、枝剪、鋸子等採集工具，有人說，宛如武藏坊（註：日本古代武士），眞是恰當的評語。而他到處致力於學術標本的採集，未曾空過公務外的餘暇……片刻的閒暇都沒有！……所收集的標本，以私人而言，堪稱台灣第一。

在學校、在各地講習會，他都熱心投入輔導，台中、屏東、各地都有人深刻地惦記著他。別人眼中不過是一片草葉，他卻視若珍寶地說：『你看！這就是什麼寶貝啊！……』而滔滔地說不完……

……國語學校的標本室，似乎從來沒有充分整理的時間……」

當我咀嚼這段文字，有種溫暖、辛酸浮上心頭，時而眼眶潤濕。想起年輕時採集、野調的年代，我有整套改良型的裝備，S腰帶配掛枝剪及水壺、高枝剪（甚至長竹竿，前端綁鐮刀）、整齊撕半而密實捲滾成圓桶的舊報紙、放大鏡、手電筒、相機及系列附帶零件、採集簿……，遇有特定目的，還得攜帶瓶瓶罐罐的Acetone、酒精，要固定根尖細胞等用途。

多少山巔海隅歲月，我舞動枝剪猶如西部神槍手玩槍；多少進出山林時日，眞理與我把臂同行！閃電明滅、大雨傾盆的新仙山頂子夜，狂風暴雨、全身淋漓的向陽石洞，微弱昏黃的火燈下，我按部就班地折製一張張標本，編號註記白天觀察的印象、丈量測度的數據……，是啊！那是一段漫漫長長3、40年的幸福時光！

我也可以深深感受什麼是連「片刻的閒暇都沒有」，因爲甚至到55歲，只要晴天而人不在野外做調查，我就有「罪惡感」！

岡本要八郎追思相馬禎三郎的文章也述及，以川上瀧彌爲核心的這群台灣博物學家的命運。短短幾年間，研究昆蟲的新渡戶稻雄英年早逝了，發現台灣杉的小西成章也死了，川上氏哀悼著他們；不料，1915年8月21日，川上氏也因積勞成疾，以44歲的陽壽物化；接著，台灣博物學會創會會員之一的栗田確又死了，而哀悼栗田確的相馬禎三郎，竟然在1916年，從花蓮野調、採集途中染病，回到台北醫院就醫，9月20日也就走了，得年僅僅36！

這等生死交替的迅速、不可思議，難怪讓松田英二道出了「自然與神的研究」！這些來自溫帶日本的菁英，踏上瘴癘之地未能盡除的熱帶台灣，風土之病固然是重大的成因之一，那時代打拚的精神更是驚天地、泣鬼神吧?!或說，橫招天忌?!

早田文藏（1917）在追念相馬禎三郎時就說，業餘的植物採集者相馬氏，光是他採到的，用他的名字當拉丁文種小名的植物就有12種，包括孑遺稀世珍品的「相馬氏原始觀音座蓮（Archangiopteris somai Hayata）」，日本總督府還將之指定爲台灣天然紀念物之一，明令保護。

早田博士認定相馬氏原始觀音座蓮是台灣孑遺的特產珍稀植物，全球唯一，但到了KMT時代，被降格爲中國雲南種的台灣特產變種，另外追加了一種「伊藤氏原始觀音座蓮」。然而，就我個人觀點，這些人爲分類的命名處理，不無意識型態，以及偏私、人執的可能性，要是我現今處理，我仍然同意早田氏的見解。

今人眞的難以想像，百年前台灣的研究者，他們的環境、物質條件何其艱難困頓，但他們的精神、意志，如玉山之高、南湖之壯！

相馬禎三郎在台灣的生涯路短短不到6年，而其業餘志趣的台灣植物研究，委實超越多數人的60年、百年！這不只是蠟燭兩頭燒，直是化身油膏，轟然烈焰爆炸！

然而，相馬氏更教我讚嘆得五體投地者，在他本業的農學教學。一個低階的農學助教授，來到人生地不熟的台灣，3年後，1914年竟然出版了一本《台灣農業教科書》，內容包括引言緒論、栽培各論、森林、土壤、肥料、栽培汎論、養蠶、養畜各論、養畜汎論，以及水產篇章，共527頁。

固然，這是相馬氏自製教書教材，但最了不起的，是整體社會或政治文化的涵養！試問，軍國主義台灣總督府獨裁治理下，完完全全沒有「本土化」的口號，卻直接認同且當下在地化的程度，令人咋舌！各式各樣的本土教科書大量出籠上市，諸如正宗嚴敬（1936）的《植物地理學》等等。

而國府統治台灣70年，研究報告汗牛充棟，耗資億億兆兆，多少「成果」造福台灣、認同台灣、成爲台灣？還是榨乾台灣、摧毀台灣、遺禍千秋萬世？例如台灣林業或其研究，爲何造成如今天災地變、土石橫流?!

我個人不用政府、政治操控的研究經費或計畫，研究調查台灣植被30年，總算完成《台灣植被誌》15大冊，正準備以之爲基礎，開撰教科書，奈何又自毀台灣百年大計希望，唉！面對我台灣史及世代、面對如相馬禎三郎、佐佐木舜一、早田文藏等等前人，我立槁而死、羞愧無顏！

書寫著相馬禎三郎，也讓我想起台灣曾經的「綠痴」，民間業餘植物研究者如王弼昭先生、牟善傑先生，他們的行徑、人格、付出、成就等等，早該編撰傳記矣！

關於相馬禎三郎，另如井上德彌（1917）撰寫他的「嗜好」，也尊崇他爲「台灣初等農業教育」的開拓先鋒。井上氏一一敘述相馬氏在骨董、園藝、養雞、養蜂、飼養金魚、插花、養蘭等造詣非凡，他是徹徹底底的科學家。

井上敘述，相馬氏在國語學校的校園中，種植一株斗柚爲砧木，上接椪柑、桶柑、高墻桶柑、雪柑、桔仔、文旦、旭柑、四季柑、福州紅，還有我搞不清楚是何品種的接枝木，研究各種可能性的改良。

白石良五郎（1917）寫了一篇當時的「現代詩」追憶相馬氏，筆者一生研究植被在日本文獻方面的恩人郭自得前輩（成大郭長生教授的父親）翻譯如下：（我略加改寫）

「六度登臨七星穫致八角蓮，
君在誇耀。
相馬蘭、珍稀花、袖珍草，
花影有追憶。
火焰木優美的葉序與紅花，
具備如是榮耀的君啊，
不辭辛勞地工作。
誨人不倦的君的性情，
有時人情有餘，
雖感到憎惡的事也有。

與君站在球場競技。

君仙逝之夜，愛的呼喚，
缺少花團錦簇的靈前，想來佛法的火，
靈柩爲什麼要埋在花裡呢。

淚水不多的夾竹桃，令人討厭的
守在君的遺體的枕邊。」

一種類似同儕的惋惜、哀痛、怨懟、怪咎、茫然、悲壯……的情緒，在處處不明說，或道不出口的弔詭中，流露極度反差的美麗與哀愁。特別複雜與跳躍的是，運用了諸多各有隱寓的不同植物的象徵，例如夾竹桃，「淚水不多」指的是夾竹桃有毒的白色乳汁，攀折後總是會掉下4、5滴乳白，是作者還是亡者的血淚呢？

關於相馬禎三郎，36歲，才正當人生或志業的發端，不可能「世故」；他是台灣早夭的山櫻花瓣，化身沃土，滋養著世世代代的新生；他是台灣土地、生界浪漫的英雄；他存在的意義，包括延展78年後，讓我點燃一把火炬，照亮台灣山林生界的靈氣，指引台灣文化幽蘭芬芳處處的山徑。

相馬禎三郎的眼界，曾經投注在太平洋的珍珠綠島，他的靈、魂與魄，也滋長在綠島。2014年6月22～24日，無意有意間，我首度陪伴家族旅遊來到綠島，無由分說，我立即愛上這裡的山海綠色精靈。我只能說，冥冥之中，相馬氏的英靈相牽引，我只覺得我該重作馮婦，一方面藉著植物研究而回溫舊夢；另一方面我該譜寫百年台灣些微的土地精神！

4 綠島海岸植被調查

從自然史的角度論述，綠島冒出海平面的時程約是百萬年來事，一開始面積甚有限，而也有可能在約120～105萬年前的民德(Mindel)冰河期，綠島大部分現今地體已出海。之後，發生第三次火山爆發，且在其後再度遭逢40～32萬年前的里斯(Riss)大冰河期。然而筆者推論，現今森林生態系的最古老源頭，應是32～10萬年前間冰期結束後才產生，也就是說，現今植被可能是10萬年來所演化出者(cf.陳玉峯，1995)，特別是約1萬年來，上次大冰河期之後的變遷，才是現今或被破壞之前原始植被的嫡系生界。

由於綠島從未與最接近的台灣本島相連結，而且，黑潮最大流速線位於綠島西側，10～4月間約40～75公分／秒；6～9月間約50～150公分／秒(轉引李玉芬，2000)，植物傳播體之藉海漂攜帶者，通常只有從菲律賓往北推送，而台灣與綠島之間的可能性微乎其微。另一方面，大洋島嶼植物的種源與週期性動物(特別是候鳥)息息相關。由蘇拉威西、菲律賓、恆春半島、蘭嶼、綠島、琉球到日本沿線，乃恆定性遷播路線，能夠適時提供食物給候鳥食用的植物，最有利於拓殖沿線的島嶼。

1萬年來動、植物與氣候的變遷，左右了綠島山林生態系演化的主軸，經由綠島地形、氣候、土壤、海象暨所有環境因子的互補作用、限制作用，各種源萌長、競爭、互助合作、補位等等交互影響，加上機率現象，以及島嶼常見的遺傳漂變(genetic drift)作用，島嶼的演化通常獨樹一格，且逕自形成其獨一無二的生態系，以及種種林相物種的特殊組合，或2百多年前綠島完整的植被。

然而，自從1799年由小琉球遷徙而來的泉州人墾殖綠島以降，原始森林與人口遂成負相關。

更早之前，荷蘭統治台灣的時代，雖曾假想東台島嶼可能產金，但荷蘭人只登陸蘭嶼搜尋而未果，並無前來綠島。綠島的開拓史原屬於無政府主義者，或「化外之地」。華人入拓綠島的發展，李玉芬(1997)據文獻及口訪推估，前60年正是最劇烈破壞原始森林的階段，不只開闢原始森林區爲耕地與聚落；巨木伐採不只提供建築、造船、傢俱暨每日煮飯的薪材，還船運外銷廈門、泉州或東港。輸出的木材包括福木、烏心石、毛柿、石柳（即琉球黃楊）等等。然而，李玉芬所強調的60年摧毀原始森林殆盡的論調，筆者由當年人力伐木的囿限，以及60年間人口的成長，認爲乃誇大的說辭或過度的推論。最可能是森林大火摧毀山頂稜線林相的現象而已，溪谷等熱帶雨林依然健在吧！

這一甲子的華人拓殖期，將綠島原始森林重大改變的同時，也造成「火燒島」地名的由來，基本上應是墾植、火耕燒山，乃致放牧的結局，至於6種以上解釋「火燒島」地名的由來，殆是山頂稜線平台原始森林洗劫一空之後，穿鑿附會或口傳訛說的事後推測。

依據李玉芬（2000）的口訪，綠島耆老口傳先民「可以看到大榕樹生長到水邊、材樹滿山野的景像」，且野生動物繁多，包括最干擾農作的山羌云云，或可做爲推估原始林型的依據之一，至少可下達綠島曾經存在岩生植被，熱帶雨林型之一的「榕樹優勢社會」，此一社會當然是鳥類傳播所產生。而如地名「楠仔湖」之指該地多產福木；「柚仔湖」之盛產山柚；公館本村南側丘陵區之存有許多野生茶樹（凹葉柃木），故名茶山，等等，尚待調查、推演後，始能做爲原始社會之推論。

而華人最初拓殖綠島一甲子期間，主要是來自小琉球的14個姓氏，從而發展往後的聚落。1861年以後，綠島殆已無增加拓墾的空間，自此，形成長達百年的封閉型島嶼社會，但人口則依自然增長率遞增，島上承載壓力隨之加劇。至於綠島開始執行人造林，或以1916年起，日本人進行多期造林爲嚆矢。

1894年胡傳的《台東州采訪冊》估計綠島人口爲4、5百人；1905年有1,097人；1943年增長至2,547人。前述，1941年總督府調查宣稱綠島林地僅剩168公頃，佔全島面積之12%，但不知是否全爲殘存之原始林、次生林或人造林？待有機會再作綠島原始林型的推演。

海岸植被調查

雖然就環境無機因子而言，「海自爲海，岸自爲岸」，但恆處「萬頃波濤」、鹽分、強光、強風襲擊下，海岸地帶的生態系必須面對有常與無常，或週期性、非週期性的因子上下震盪的影響，故而恆爲演替最早波次或無「維管束植物」可資存在（即前灘），後灘則出現草本及亞灌木帶，再經過渡帶進入「海岸線」上下的海岸林或海岸灌叢帶；再往內陸則爲前岸植被帶，乃至土壤含鹽度幾近於不受海洋影響的，面海第一道山巒主稜線下方的「後岸植被帶」（陳玉峯，1985），才算脫離海岸特徵的影響。

若以土壤含鹽度的限制因子論述，整個綠島因受到珊瑚礁岩及海風、暴風攜帶鹽霧的影響，土壤都呈現微鹼性（周泰鈞、張茂盛，1999；轉引李玉芬，2000，7頁），則綠島植被殆全屬於筆者界說下的「海岸植被」，而欠缺純粹的「內陸植被」。

在此，論及綠島的海岸植被，則僅限於海岸線（註：暴風浪潮能及的極限處）朝向海面至外灘的區域，以及部分前岸，或偶夾雜後岸的若干部位爲界定。

而熱帶地區的海岸林通常不叫做熱帶雨林，因其受到海岸環境因子的囿限，只能發展出「簡化型的熱帶雨林」，但綠島的海岸林殆已完全消失。

海岸植被（物）的重大特徵，即種源或種始源大多來自海漂；恆滯演替初期乃至簡化型熱帶雨林爲其地文盛相；遺傳漂變的島嶼效應甚大，故變異或成種演化的速率較大或快速，例如菲律賓胡椒（Piper philippinum）遷徙到綠島來之後，由原本5條側脈、較長的雌花序、卵形較長的果實明顯地與花軸分離，轉變成7條側脈、雌花序縮短、亞球形較短的果實部分與花軸連合，因此，早田文藏於1911年，依據小林善藏於1907年8月採集的標本，命名爲綠島特產的「火燒島風藤（Piper kwashoense）」，等等。

筆者自從2007年完成台灣本島海岸線一周的調查之後，對離島一直尚未進行研調，因而總是認爲至少該擇取一、二島嶼補上。再者，綠島海岸植群過往雖有蘇鴻傑、何孟基（1982）的報告，但歷來欠缺較詳細的研究或社會分類，故而藉此因緣，進行綠島海岸植被的調查。

2014年6月22～24日筆者首度勘查綠島之後認爲，綠島海岸植被（包括海崖及崖頂）在形相（physiognomy，植群外貌）上或其他，具有特色如下：

1. 海灘漸進式珊瑚礁岩的水芫花灌叢之後，綠島的海岸植群並非銜接體型更高大的灌叢帶，乃至增高爲小喬木帶，而後海岸林；綠島竟然在水芫花灌叢帶之後再度出現「無植物砂灘帶」，然後，才出現海岸第一草本植物（砂灘）帶，而且，一般草本植物帶如馬鞍藤，通常（台灣諸多海岸）後接體型較高的矮灌木海埔姜，然後，銜接苦林盤、草海桐，而進入林投、白水木、欖樹等小喬木窄帶，終之以高大的海岸林喬木帶。綠島不同，綠島的馬鞍藤與海埔姜幾乎共存一帶，且海埔姜體型偏矮，更有趣的是，此一低矮或匍匐型的草本（馬鞍藤）、灌木（海埔姜）的共存帶之後，頻常突然增高爲林投高大灌叢，也就是欠缺平滑風切面的進程，改以兩階段，以及跳躍式的體型變化而呈現。

初步認定，這可能是綠島海岸地形及風力（含海浪）所造就，或者，加進動物或人類行爲的影響，而目前，筆者認爲最可能是最前帶拔高的珊瑚礁群，以及偏陸域側幾乎垂直的海崖地形，影響風力流線的結果（註：等待實證檢測）。

2. 綠島擁有全台灣最高大的水芫花灌木，其體型從面海第一道圓盤式（類似台灣高山植被帶的玉山圓柏矮盤灌叢），以迄直立眞灌木型，所在皆有。如同玉山圓柏，基因本具備長成小喬木的能力，只緣位處極端環境條件下，作鉅幅的調適狀況，形成矮盤灌叢。而在前述綠島的兩階段海岸地型的變化，以及陸域高陡海崖的屛障作用之下，形成水芫花高達約3.5公尺的灌木。
3. 自從西元1350～1800年的小冰河時期結束後，海平面應該已有10～20公分的上升，而綠島恰好在此階段湧進華人拓殖，全面將原始海岸林砍伐殆盡。2百多年來海岸林的消失，夥同上述綠島海岸地形的獨特性，對陸、海風、季風的流體力學必有改變。筆者認爲，不無可能，除了上述植被形相的影響之外，甚至也影響個別物種的形態變異，例如上述海埔姜族群的矮化，以及其存有一般紫花及白花族群的變異，乃至如超小型葉片的天蓬草舅（*Wedelia prostrata*）族群，之與一般型的混生，或漸進過渡的現象並存，筆者推測，不只是雜交的可能，所謂生態型的多樣變異化，有可能乃近2百餘年來所發生，等等。
4. 綠島位於黑潮流幅之中，源源不絕接受菲律賓系列島嶼或太平洋熱帶海漂種源之可能性登陸，加上東北季風及西南氣流的年週期循環，更有海岸及海底地形的影響，則此等環境因子作用之下，值得探討綠島東、西、北、南岸，以及特定地形因素下，物種分佈的模式，或其生態意義。

2014年9月1～5日，楊國禎教授、陳月霞女士及筆者前往綠島，展開海岸植物社會樣區調查暨相關觀察記錄，並隨緣訪談綠島人士。

以下，將調查樣區、地點及調查狀況簡列之。

1. 9月1日，調查綠島西北鼻頭角之「綠島燈塔」下方海崖及珊瑚礁岩，樣區編號5-8。這群樣區東側即「烏魚窟」（或叫「烏油窟」），以及中寮港（澳）西側的植被帶，樣區編號1-4及9-12，並口訪綠島燈塔主任陳議星先生；夜間口訪「妙屋美食城」老闆等。

2. 9月2日，清晨由中寮港東側，以迄公館鼻西側之間，調查樣區13-17。之後，由公墓區進入，登上公館鼻小山頂，調查樣區18-21；復由公館鼻西側，調查堤防至海灘樣區22-25。接著，於人權紀念公園、鬼門關、將軍岩、綠洲山莊附近，調查樣區26-34。

    其次，抵達政治監獄已故者的墓地（第十三中隊），調查其北側林投破壞後的次生植群，而後登臨北方小山頭；之後，東走燕子洞地區，調查樣區35-38。

    原路折回公路，轉進牛頭山，調查入口至牛頭山頂等，綠島東北岬山頂稜肩的放牧草生地等，樣區39-45。

    復沿公路抵觀音洞，調查高位珊瑚礁較原始的植群，樣區46、47。

    之後，由觀音洞北方公路旁，往昔東海岸古道起點的山坡小徑，東下「楠仔湖」區域，調查樣區48-52。

    是夜，口訪綠島國小姚麗吉校長、張智龍老師、陳弘道老師。

3. 9月3日，前往柚仔湖地區，由臨海珊瑚礁岩向陸域，調查植被帶變異，樣區53-59；且由彎弓洞後方，調查樣區60-63；出柚仔湖之前，於水泥路面終點旁，調查樣區64。

    柚仔湖返回公路南行，於垃圾掩埋場入口處進入，沿著「睡美人岩」稜脊，調查放牧壓力下的低草生地，樣區65-69。

    而後，由掩埋場道路下抵海岸，循「睡美人岩」頸部下方石洞穿越，抵達海參坪南端，調查礁岩、砂灘、舊聚落遺址的次生演替地等，樣區70-77B。

    復返公路南行，經「孔子面壁岩」、大湖聚落（溫泉）、火雞岩等地，調查樣區78A、78B、78C，以及79-81A、81B、81C。而姚校長前來大湖聚落支援，轉往帆船鼻，於山稜平頂調查樣區82-86。

    由帆船鼻下至其西側海灣之水芫花礁岩區，調查樣區87-91。

    是夜，姚校長帶該校老師前來旅館，相互討論綠島資訊等。

4. 9月4日，前往綠島南岬下，紫坪（左坪、紙坪）瀉湖區，先調查海水生泰來藻樣區92，再調查水芫花至砂灘漸進帶，以及紫坪舊聚落廢棄田地次生林，樣區93-98。

    繼續西北行，抵大白沙地區，調查潮間帶高位礁岩塊、崩崖植群，樣區99-103；大白沙砂灘植群樣區104-106。

其次，在馬蹄橋、石洞（大哥）隧道附近，調查海崖樣區104-106；118-123。

然後，在龜灣鼻前後地區，調查樣區109-117。

之後，於石人潛水區調查樣區108；南寮人工海堤樣區107。

綠島西北角，機場及公墓西側人工海堤外的樣區爲124-131。

5. 9月5日早上再環島一周，補拍攝牛頭山、柚仔湖、睡美人等若干景點及複查植被大概。中午搭船抵富岡，口訪移居台東的施勝文先生（原住於海參坪），並會同姚麗吉校長、蘇吉勝老師、李潛龍老師等，略作採訪。之後搭台鐵至高雄、新左營，轉回台中。

以上，殆依順時針方向，環繞綠島公路或海岸線一周，完成調查；合計調查樣區135個，樣區編號1～131；拍攝照片千餘張。

而爲觀察東北季風對海岸、海崖植物的相互影響，筆者夥同陳月霞、吳學文、陳汝硯、胡筆勝、楊國禎、蘇吉勝以及導演攝影師簡毓群等八人（楊與蘇晚一天抵綠島），在綠島國小校長姚麗吉的協助下，於2014年11月7～10日，第三次在綠島調查、試驗及口訪。

11月7日下午前往中寮港東側，以姚校長設計製作的竹竿，試放民間漆彈場的煙霧彈觀察氣流。然而，煙霧量不足而風力夠強勁，難以明確記錄流轉狀況。前此，筆者以成功大學名義發函國防部，申購軍用煙霧彈，未能趕赴此次試驗日期。是日，口訪姚校長、簡毓群、阮惠婷等，夜間專訪耆老蔡居福先生。

11月8日，東北季風止歇，一行先前往東北海崖觀音洞，並下海崖抵楠仔湖，施放煙霧彈後，折返下榻之統祥飯店。下午前往環島公路16K處，調查原先原始林蓮葉桐優勢社會的被破壞區，復沿公路依定點口訪姚校長，及至大白沙而後返。

11月9日，早晨前往紅頭山頂，勘查地景，並口訪空軍吳家慶中士，下山時遇大雨，勘查小段落過山古道，然後，前往酬勤水庫勘調，再至牛頭山施放煙霧彈，並燃燒草堆，觀測林投擋風牆效應，以及煙霧流轉的現象。

下午，由垃圾掩埋場下走海岸，至海參坪施放煙霧彈、燃燒草堆等，際夜則在燕子洞附近實施。夜間專訪統祥飯店主人何富祥與林秀玉，並向人權園區林靜雯小姐索取書籍資料。

此日，施放之煙霧彈，包括另向綠島漁民洽購的，海上信號彈（求救用）6枚等。

11月10日，早上前往機場西側公墓地的原住民出土遺骸萬善祠拍攝，並至第十三中隊前的小山頭，探視骨骸出土的洞穴。

下午搭2時半的渡輪返富岡，回台中。

緣於探討綠島歷史等相關議題，2014年11月15日去電草屯鄧耀堂勘輿師略作口訪(由兒子鄧旗松代答)；11月16日前往水里，專訪謝印銓、李秋香夫妻，劉志良、謝怡娟夫妻等，針對2007年9月至2008年初，新挖掘出的大量骨骸，乃至設置萬善祠迄今的故事，進行瞭解，且在2014年11、12月間，多次電訪；再則，另以書信往還，訪談失去自由的蔡志賢先生，惟此部分，在文史系列才予以交代。

植物社會分類與取樣簡述

筆者調查台灣植被凡38年，15冊《台灣植被誌》的研撰，除了永久樣區等精細、計量者之外，一般皆以改良式歐陸法(陳玉峯，1983)執行之，也就是由環境綜合因子、優勢物種、指標物種、時空均質度、個人相對主觀經驗等，現地判定植物社會單位而決定取樣面積大小，且依後設(posterior)而校訂。

而所謂植物社會單位的分類，最主要基於在最相近環境下，可以反覆出現的特定優勢物種的組合體，並有若干指標物種相輔佐。特定的時空環境，出現特定的植物社會單位；反之亦然。這些社會單位必然呈現特定的環境或生態系的意義。若無重複出現性，且真正可以表達生態相關意義者，筆者視同紙上作業的抽象或幻想物，或無意義，其關鍵皆在取樣之際的綜合研判，而無論採用任何一種調查及分析方法。

瞬息萬變的生命現象，不可能以科學決定論、機械論或無機數理公式而可如實詮釋，遑論代替！個體生命已然如此，更別說由繁多物種、個體的暫時性組合，何況歸納法從來不能導致「眞理」。無可諱言，植物社會單位的分類只是一種權宜，至少一切以實物、實存現象爲依歸。

免不了地，光是「社會」一辭的實體指示，若干程度也反映作者的哲學背景及思維模式。筆者一生隨著更多知識的學習，卻愈來愈沒「學問」，是以，讀者切莫以「科學眞理」的角度，「迷信」科學報告！

此度的綠島調查，坦誠告白，筆者幾乎不帶一般學界研究的目的論，或什麼功利思維，而只是單純地試圖感受「造物主」的某類佈局。然而，頂著艷陽酷暑，一天工作約13個小時，日流汗量近3公升，或可謂享受當下的淋漓盡致罷了。或可明確交代者，筆者一步一腳印，忠實走過故鄉的寸寸土地，傾聽生界、自然，以及自己內在的若干心音，如此而已。

5 綠島海岸調查樣區總覽

茲先將135個樣區在平面地圖的相對位置標示如圖1，地名或地點(景點)亦相對註明之。

樣區摘要總表

爲便利於優勢植物社會的分類，將樣區摘要如表1。

由於自然界中的生態系單位之間，罕有「楚河漢界」，截然斷分的現象，一般都是漸進式或相互具備過渡帶者，加上台灣常見的環境及生物的異質鑲嵌(mosaic)，或亦夾雜時間系列的重疊，另則概率或機率使然，或意外，因此，在分類植物社會或單位，或評比、分析等，這些樣區偶而將重複使用。

上述只是自然狀況之下的考量，至於加進人爲干擾之後，則變數更加難以預料，通常訴之經驗作註解。

圖1、調查樣區分佈位置示意，合計編號131。（2014年9月1～5日調查）

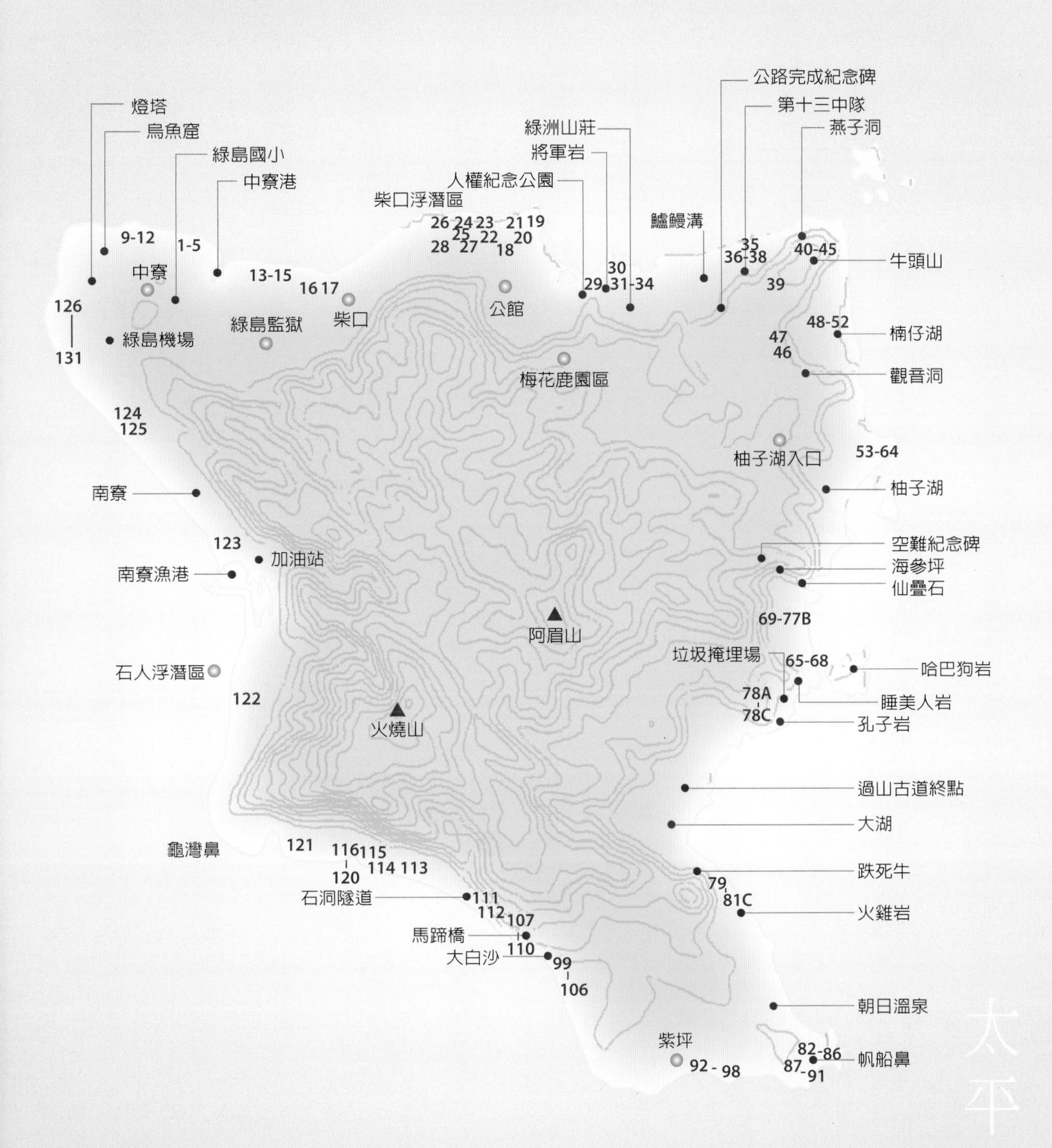

表1、綠島海岸樣區摘要總表（2014年9月1～5日調查）

樣區編號	優勢物種排列	地點	環境或其他特徵	附註
1	水芫花—雙花蟛蜞菊—海雀稗	燈塔下	後灘前帶珊瑚礁	N20°E
2	草海桐—雙花蟛蜞菊—海埔姜	〃〃〃	貝殼砂、礫石灘灌叢	N20°E
3	林投	〃〃〃	海崖下灌叢	
4	細葉假黃鵪菜—鵝鑾鼻蔓榕／山豬枷	〃〃〃	海崖壁	N20°E
5	天蓬草舅—脈耳草／濱剪刀股	中寮港西側	砂灘（後灘後帶）次生社會	N30°E
6	天蓬草舅—早田爵床—蒭蕾草	〃〃〃	前接plot5	N30°E
7	草海桐—馬鞍藤／濱豇豆／蒭蕾草—天蓬草舅	〃〃〃	砂丘灌叢	N30°E
8	林投—草海桐—文珠蘭／天蓬草舅	〃〃〃	砂丘灌叢後帶	N30°E
9	草海桐—無根藤—濱豇豆／天蓬草舅	〃〃〃	〃〃〃	N30°E
10	扭鞘香茅—細穗草—三葉木藍	〃〃〃	砂丘平台	
11	林投—草海桐—黃槿	〃〃〃	靠內陸	N30°E
12	海埔姜—天蓬草舅—馬鞍藤	〃〃〃	低矮或貼地草本灌木混合代表	N30°E
13	海埔姜／天蓬草舅—白花馬鞍藤／蒭蕾草—馬鞍藤／早田爵床	中寮港東側；往柴口方向	貝殼砂灘	N20°E
14	馬鞍藤—天蓬草舅—濱大戟—文珠蘭／濱豇豆	〃〃〃	過步道，陸域側	N20°E
15	林投	〃〃〃	〃〃〃	N20°E
16	水芫花—安旱草	中寮與柴口之間	裙礁海岸	
17	林投—黃槿—海埔姜／欖仁／濱豇豆／雙花蟛蜞菊	〃〃〃	向海側欠缺砂灘寬帶	
18	絨馬唐—馬鞍藤／早田爵床—脈耳草／蘄艾／白花草	公館鼻	岩壁下段	S220°W
19	馬鞍藤—絨馬唐—海馬齒／紅花黃細辛—細穗草／早田爵床	公館鼻山頂	放牧壓力；火成岩塊；高亂度	
20	馬鞍藤—絨馬唐—早田爵床／天蓬草舅	公館鼻山腳段	崩崖地形45 坡；初、次生混合，亦具混合型物種	W275°N
21	榕樹—蘄艾／絨馬唐—琉球鈴木草	公館鼻崖頂下	海崖型	正西
22	海埔姜—馬鞍藤—早田爵床／琉球鈴木草／絨馬唐	公館鼻西側	北海岸一般型，加進公館鼻因素	北向

樣區編號	優勢物種排列	地點	環境或其他特徵	附註
23	高麗芝—海馬齒—馬鞍藤	〃〃〃	礁岩後窪積砂地，局部均質地	
24	安旱草—脈耳草／乾溝飄拂草—水芫花	〃〃〃	典型臨海礁岩第一植物帶	北向
25	海雀稗—藍蝶猿尾木—鱧腸	〃〃〃	家庭廢水匯集地	〃
26	水芫花—安旱草	〃〃〃		〃
27	雙花蟛蜞菊—馬鞍藤／海岸烏斂莓—草海桐	〃〃〃	次生	W350°N
28	雙花蟛蜞菊—海岸烏斂莓—馬鞍藤	公館公墓旁	棄土石地	
29	高麗芝	人權紀念公園	人工草皮	
30	綠島雙花草—榕樹—雙花耳草	觀音岩（將軍岩）	岩塊下段	正南向
31	山豬枷—蘭嶼鐵莧／抱樹石葦／牡蒿	人權紀念公園	海崖壁	北向
32	榕樹／葛塔德木／山豬枷—山欖（樹青）	綠洲山莊對面	背海破碎海岸小喬木林	南向
33	海埔姜／馬鞍藤—濱豇豆	〃〃〃	穩定砂灘草本帶	N20°E
34	林投—海埔姜	〃〃〃		
35	海埔姜／馬鞍藤—天蓬草舅	第十三中隊東北方	砂丘，穩態，典型（北海岸）	N30°E
36	稜果榕—馬鞍藤—雙花蟛蜞菊／蘭嶼小鞘蕊花	第十三中隊北側	林投破壞後，次生林破碎林分	W340°N
37	扭鞘香茅—馬鞍藤—牡蒿	〃〃〃	小山頭中坡段	S320°W
38	高麗芝—扭鞘香茅—牡蒿	〃〃〃	小山頭山頂	北向稜
39	白茅—圓果雀稗—竹節草	牛頭山脊	入口平台放牧地	
40	竹節草—絨馬唐—鍊莢豆／三點金	牛頭山	放牧草地	
41	山豬枷／扭鞘香茅／傅氏鳳尾蕨	〃〃〃	巨岩塊	
42	扭鞘香茅—高麗芝—絨馬唐／早田爵床／傅氏鳳尾蕨	〃〃〃	最高北向坡	
43	扭鞘香茅—早田爵床—絨馬唐／鴨嘴草	〃〃〃	西角落南向坡	
44	泥花草—蓮子草／鱧腸	〃〃〃	乾掉的凹濕地	
45	林投	〃〃〃		

樣區編號	優勢物種排列	地點	環境或其他特徵	附註
46	鐵色／山欖／白榕／黃槿	觀音洞	海岸灌叢破碎林分	相對原始
47	白榕—長果月橘	〃〃〃	高位珊瑚礁岩岩生林	
48	海埔姜—高麗芝—天蓬草舅—濱大戟／蕣藿草	楠仔湖		
49	山豬枷—鴨嘴草—細葉假黃鵪菜—台灣蘆竹／榕樹	〃〃〃	海崖	北向
50	林投—稜果榕—黃槿	楠仔湖	林投與次生林交界	
51	黃槿—稜果榕—姑婆芋	〃〃〃	次生林	東海岸
52	菲島福木／稜果榕—姑婆芋	〃〃〃	次生林；廢棄梯田地	〃〃〃
53	高麗芝—脈耳草—水芫花／安旱草	柚仔湖	礁岩第一植物帶	〃〃〃
54	高麗芝—脈耳草	〃〃〃	東北季風可能甚強烈	〃〃〃
55	高麗芝—馬鞍藤—脈耳草	〃〃〃	〃〃〃	〃〃〃
56	海埔姜／馬鞍藤—高麗芝蕣藿草—天蓬草舅	〃〃〃	〃〃〃	〃〃〃
57	天蓬草舅—海埔姜—馬鞍藤	〃〃〃	〃〃〃	〃〃〃
58	天蓬草舅／爪哇莎草—海埔姜—蕣藿草／早田爵床／馬鞍藤—三裂葉蟛蜞菊	〃〃〃	次生	〃〃〃
59	苦林盤—雙花蟛蜞菊—海埔姜	〃〃〃		〃〃〃
60	台灣蘆竹—山豬枷／欖樹	柚仔湖彎弓洞	海崖 SW248	〃〃〃
61	林投—草海桐	〃〃〃	E150°S，蔽風	〃〃〃
62	黃槿—林投—稜果榕	〃〃〃	海岸林側次生林	〃〃〃
63	蓮葉桐—林投	〃〃〃	海岸林	〃〃〃
64	欖仁／大葉山欖／稜果榕—稜果榕／長果月橘—大葉樹蘭—姑婆芋	柚仔湖部落	海岸林破碎林分	〃〃〃
65	高麗芝—印度鴨嘴草／卵形飄拂草—扭鞘香茅／乾溝飄拂草	睡美人岩胸頂	放牧草生地	〃〃〃
66	竹節草—扭鞘香茅—卵形飄拂草／印度鴨嘴草	睡美人岩胸下	〃〃〃	〃〃〃
67	扭鞘香茅—卵形飄拂草／印度鴨嘴草—刺芒野古草／黃金狗尾草／高麗芝	〃〃〃	放牧壓力較低部位	〃〃〃

樣區編號	優勢物種排列	地點	環境或其他特徵	附註
68	台灣海棗—高麗芝—馬鞍藤	睡美人稜頂	海崖邊緣灌叢、草生地	〃〃〃
69	高麗芝—假儉草—鍊莢豆—台灣耳草／三點金	海參坪		〃〃〃
70	安旱草—高麗芝—脈耳草	〃〃〃	凹凸臨海礁岩	〃〃〃
71	高麗芝—脈耳草—乾溝飄拂草	〃〃〃	羊群啃食痕	〃〃〃
72	苦林盤—林投	〃〃〃		〃〃〃
73	蒭蕾草—高麗芝	〃〃〃	局部族群，灌叢邊緣	〃〃〃
74	稜果榕／花蓮鐵莧—咬人狗—大葉樹蘭	〃〃〃	廢棄屋舍次生林	〃〃〃
75	海埔姜—馬鞍藤—高麗芝—蒭蕾草	〃〃〃	海埔姜、馬鞍藤向高麗芝、蒭蕾草社會入侵	〃〃〃
76	水芫花—高麗芝—脈耳草	〃〃〃		〃〃〃
77A	安旱草	〃〃〃	第一植物帶(開放型)	〃〃〃
77B	安旱草—水芫花	〃〃〃	〃〃〃	〃〃〃
78A	水芫花—乾溝飄拂草／高麗芝—脈耳草	大湖東北方	第一植物帶	〃〃〃
78B	水芫花—海埔姜—馬鞍藤	大湖東北方	最高植株約3.5公尺	〃〃〃
78C	水芫花(死亡)—脈耳草	〃〃〃	死因未明	〃〃〃
79	水芫花—脈耳草—安旱草	大湖至火雞岩		〃〃〃
80	(無根藤)／海埔姜(乾)—馬鞍藤(枯)—天蓬草舅	〃〃〃		正東向
81A	林投—草海桐—欖仁—瓊崖海棠	〃〃〃		南向
81B	草海桐	〃〃〃		〃〃〃
81C	天蓬草舅—無根藤—海埔姜	〃〃〃		〃〃〃
82	鴨舌癀—結馬唐	帆船鼻頂	踐踏及放牧壓力下	
83	高麗芝—卵形飄拂草／絨馬唐	〃〃〃	〃〃〃	N40˚E
84	絨馬唐—高麗芝—印度鴨嘴草—圓果雀稗	〃〃〃	〃〃〃	
85	稜果榕—滿福木—傅氏鳳尾蕨	〃〃〃	相對蔽風凹陷地	

樣區編號	優勢物種排列	地點	環境或其他特徵	附註
86	刺芒野古草／卵形飄拂草—高麗芝—黃金狗尾草／滿福木	〃〃〃	平坦草地	
87	安旱草	帆船鼻西側大凹彎	第一植物帶	正南
88	水芫花—高麗芝	〃〃〃	〃〃〃	〃〃〃
89	—————————————	—————	————————————	—————
90	海埔姜—馬鞍藤	〃〃〃		
91	林投—假三腳	〃〃〃		
92	泰來藻	紫坪	潮間帶	
93	水芫花	〃〃〃		正南
94	水芫花—高麗芝	〃〃〃	礁岩間積砂	〃〃
95	高麗芝—水芫花	〃〃〃		
96	海埔姜—馬鞍藤—藍蝶猿尾木	〃〃〃		
97	林投—黃槿	〃〃〃		
98	稜果榕—血桐—欖仁—姑婆芋	〃〃〃	廢耕田地次生林	
99	脈耳草／鵝鑾鼻蔓榕／草海桐	大白沙	臨海巨岩塊上	
100	苦林盤—乾溝飄拂草—脈耳草	〃〃〃	崩崖前帶	正西
101	稜果榕—大葉樹蘭／山棕	〃〃〃	崩崖次生林	〃〃〃
102	安旱草—乾溝飄拂草	〃〃〃	潮間帶	〃〃〃
103	海埔姜—雙花耳草—蒭蕾草	〃〃〃	砂灘	〃〃〃
104	林投—棋盤腳—臭娘子／草海桐	〃〃〃	砂灘後段	〃〃〃
105	馬鞍藤—濱大戟／海埔姜／蒭蕾草	〃〃〃		S250°W
106	(無根藤)—馬鞍藤—海埔姜／濱大戟	〃〃〃	馬鞍藤、海埔姜皆被寄生而枯	
107	榕樹—台灣蘆竹—鵝鑾鼻蔓榕	馬蹄橋東南	海崖岩壁上	S220°W
108	脈耳草—台灣蘆竹—乾溝飄拂草	〃〃〃	〃〃〃	E130°S
109	山豬枷—台灣蘆竹	馬蹄橋東南	海崖岩壁上	S200°W
110	台灣蘆竹／脈耳草—細葉假黃鵪菜	〃〃〃	〃〃〃。演替早期	W340°N

樣區編號	優勢物種排列	地點	環境或其他特徵	附註
111	台灣蘆竹—五節芒—山豬枷／抱樹石葦／凹葉柃木—細葉假黃鵪菜	石洞隧道口	鉅大海崖壁	S222°W
112	鐵線蕨	石洞內	內陸型海崖	
113	五節芒—雙花蟛蜞菊—三葉木藍	公路15-16k之間	公路下方次生高草	S220°W
114	馬鞍藤／三葉木藍—濱豇豆—濱刀豆	〃〃〃	工程石礫荒地	〃〃〃
115	水芫花—印度鴨嘴草—高麗芝—脈耳草	〃〃〃		〃〃〃
116	舖地黍	公路16k附近	礁岩間積砂地	
117	草海桐—林投—雙花蟛蜞菊／濱豇豆	〃〃〃		
118	馬鞍藤—小海米—蒭蕾草—鹽地鼠尾粟	〃〃〃	奇特物種分佈	正南
119	馬鞍藤—三葉木藍—雙花蟛蜞菊／濱豇豆	〃〃〃		〃〃〃
120	水芫花—高麗芝／舖地黍	公路16k附近	可能有淡水注入區	正南
121	稜果榕—台灣蘆竹	龜灣附近	公路高點處；路邊海崖；海、陸匯合區	W290°N
122	林投—草海桐	石人	破碎帶	正西
123	濱豇豆—五節芒—垂果瓜—小花蔓澤蘭	南寮人工海堤	荒地次生	S220°W
124	水芫花—安旱草—脈耳草	機場、墳墓地西側	欠缺砂灘的海岸	S228°W
125	脈耳草—莎草(死亡)—水芫花	〃〃〃		〃〃〃
126	濱豇豆／蒭蕾草	〃〃〃	廢棄碎石區	〃〃〃
127	林投—草海桐	〃〃〃	〃〃〃	〃〃〃
128	馬鞍藤—濱大戟—蒭蕾草—無根藤—天蓬草舅(中間型)	〃〃〃		S250°W
129	蒭蕾草—細葉假黃鵪菜—天蓬草舅(中間型)／海牽牛／無根藤	〃〃〃		〃〃〃
130	草海桐—五節芒	〃〃〃	干擾地	〃〃〃
131	林投—雙花蟛蜞菊—草海桐	〃〃〃		〃〃〃
合計樣區編號131個，扣除第89號的無效樣區，加上同編號多樣區者，總共調查135個樣區。				

註：優勢度明顯差距、順序，使用「—」符號；不分軒輊者，使用「／」符號。

6 植物社會分類暨生態解說

6-1、外灘（海水生）維管束植物帶

台灣極稀有的海水沉水性，維管束開花植物的開放或密閉性社會，一般都存在於珊瑚裙礁海岸。以現今而言，殆只見於北回歸線以南地域。

筆者於1984、1985年間調查恆春半島之所見，西、南、東海岸皆可見及，且佔據面積的遼闊，可能是全台之最，物種有泰來藻、單脈二藥藻、毛葉鹽藻等。

泰來藻、單脈二藥藻存在的必要要件：

1. 終年海水浸泡，且屬於活水區。
2. 接海前帶具有珊瑚礁岩突（凸）出，或其他屏障物體，足以降低尋常日雙週期的波浪、波速，確保長時程不受波浪淘盡、沖走。
3. 潮池全天浸泡在漲退潮的海水中，池底具備足夠穩定的土砂，可以提供海水生沉水植物的固著。
4. 水深0～1.5公尺之間，確保陽光照射率；超過1.5公尺深，則光合作用量成爲限制條件，通常無法存在。

但有此環境條件只提供著床機會，另得視種源海漂等等而來，加上機率或不確定性。一旦有著床生長的條件之後，可視該生育地恰逢多長久的穩態，而可令其無性繁殖且拓展族群的面積，從而形成開放或密閉的社會。

海水生植物泰來藻。（2014.9.4）

綠島原本的環島珊瑚裙礁，具備先天客觀環境條件的部位頗多，可能因人爲

干擾、破壞而消失者不少，也未可知。謝光普（2006）敘述，綠島有泰來藻、單脈二藥藻及卵葉鹽藻等三種，但除了泰來藻之外，後兩種並無引證標本；他記載「分佈在中寮與石人海域」。

依據過往採集記錄，筆者推測只要詳實調查，綠島或可另外找到貝氏鹽藻、毛葉鹽藻、線葉二藥藻、甘藻等，合計或可超過7種。

然而，2014年9月1～5日筆者的調查，中寮與石人海域多年來屬於潛水活動區，筆者尋覓而未果，只在紫坪潮池區，找到一大片泰來藻密閉式族群，如樣區92，可列歸台灣及綠島等，稀有、保育類的植物及社會。

凡此等物種及社會的保育重點，在於確保生育地之不被破壞，以及避免干擾等。

以筆者2014年環綠島海岸一周的調查而言，海水生維管束植物社會僅只紫坪一小區塊存在，頻度甚低，是為海岸警訊之一。圖下方是泰來藻優勢社會，背景中左是「僧帽山」。（2014.9.4）

位於公館鼻西側，背風珊瑚礁岩下的「安旱草優勢社會」。（2014.9.2）

紫坪潟湖區的「泰來藻優勢社會」，筆者正檢視其無性繁殖根系。（2014.9.4；楊國禎攝）

6-2、後灘前半段的珊瑚裙礁植物社會

環綠島海岸一周皆存在的臨海漸進式（由海向內陸緩慢升高）珊瑚裙礁之上，普遍存在灌木帶，但因爲取爲薪材、破壞，估計一半以上的本帶已然消失。

本帶樣區計有23個，出現物種只有17，而且，眞正可歸屬本帶的物種僅有安旱草（出現樣區頻度48%）、水芫花（83%）、脈耳草（52%）、乾溝飄拂草（13%）、高麗芝（39%；但非礁岩立地，嚴格而論，應排除之）、印度鴨嘴草（13%，嚴格而言，亦非礁岩物種）等6種或4種。

就綠島而言，最大特徵在於脈耳草的普遍存在。

優勢物種的水芫花、安旱草、脈耳草，本身也是指標物種，故而環綠島一周的漸進式珊瑚裙礁植被，可以「水芫花－安旱草－脈耳草優勢社會」命名之，但事實上，尚可進一步細分爲具有特定生態意義的單位。

茲先將本帶所有樣區臚列如表2。

台灣耳草。（牛頭山；2014.9.2）

乾溝飄拂草。（2014.6.23）

1、安旱草優勢（開放）社會

代表綠島裙礁第一植被帶的最前帶即本社會，往後，才是水芫花。因爲安旱草幾乎是全然貼地、貼壁，大致像一條毛巾或綠抹布，塊狀貼在蔽風的珊瑚礁岩中、下段位，避開風切、浪擊。這種體形策略，讓它們可以適存於最惡劣的環境壓力之下。

樣區24、70、77A、77B、87、102即屬之。幾乎只有安旱草單獨一種植物，或疏或密，形成單調礁岩的綠色點綴。

安旱草顧名思義，點出了海濱生理旱地最極限的，礁岩上第一種可以存在的維管束植物。它的對生葉甚細小，卵狀至橢圓形；花序頂簇生，胞果熟紅。

表2、水芫花—安旱草—脈耳草優勢社會資料

樣區 相對數量 物種	1	16	26	24	53	70	76	77A	77B	78A	78B	78C	79
水芫花	5·5	1·1	5·5	+	5·+		4·5		+	5·5	4·4	(5·5)	3·2
雙花蟛蜞菊	1·1												
海雀稗	+·1												
馬鞍藤	+		+								1·1		
安旱草		+·1	+·1	3·4	+·1	1·3		1·1	1·3				+
天蓬草舅			+										
脈耳草				+·1	2·3	+·1	1·2			+·1		+·1	+·1
乾溝飄拂草				+·1						1·2			
高麗芝					3·4	1·1	3·4			1·2			
蘄艾					+								
海埔姜											2·2		
卵形飄拂草													
印度鴨嘴草													
舖地黍													
草海桐													
濱大戟													
莎草(死)													
海岸大分	北海岸				東海岸								

樣區 相對數量 物種	87	88	93	94	95	102	115	120	124	125	頻度 （23；100%）
水芫花		4・5	5・5	5・5	1・2		5・5	5・5	4・4	1・1	19；83%
雙花蟛蜞菊								+			2；9%
海雀稗											1；4%
馬鞍藤								+	+	+	6；26%
安旱草	+・1					1・2			1・2		11；48%
天蓬草舅											1；4%
脈耳草		+			+		+		+・2	3・5	12；52%
乾溝飄拂草						+・1					3；13%
高麗芝		2・4		2・3	5・5		+・2	1・2			9；39%
蘄艾											1；4%
海埔姜											1；4%
卵形飄拂草		+									1；4%
印度鴨嘴草							1・3		+・1	+・1	3；13%
舖地黍								1・2			1；4%
草海桐								+・1			1；4%
濱大戟										+・1	1；4%
莎草（死）										1・3	1；4%
海岸大分	南海岸								西海岸		

安旱草植物帶之後，才出現水芫花灌叢帶。

2、水芫花優勢社會

典型的鹽生礁岩植物水芫花，是已知全球熱帶海岸的指標狹隘生育地物種，台灣以熱帶邊緣的地理條件，讓種源海漂的水芫花得以在恆春半島、小琉球、蘭嶼及綠島等地滋生孕育。如綠島者，在2百多年前推估應是環繞全島20餘公里的海岸線前，一條翠綠的灌木帶，體型從靠海的匍匐貼地，到後灘地的約4公尺小喬木族群，必然完整、壯闊地存在，形成人種跨海登陸首要剷除的第一道阻籬。

冬季的安旱草開花、結實。（2014.11.9）

安旱草優勢社會近照。（2014.9.2）

海參坪的「水芫花優勢社會」。（2014.9.3）

水芫花。（2014.9.4）

由於水芫花族群的生態幅度（ecological amplitude）窄隘，長期演化出生長在終年鹽霧瀰漫的後灘，如同海上口渴的人喝不得海水，陸地的人眼見受到海水鹽霧浸染的環境，誤以爲「潮濕」，事實上是極端乾旱的生理旱地。因此，活體水芫花的木材，其實比任何陸域的喬灌木都「乾」（指含水量及含鹽度），因而砍折水芫花枝幹，立即可當柴火燒。這也形成原本有此經驗、習慣的小琉球先民，一來到綠島的第一餐，最可能就是以水芫花燒煮的。綠島人以閩南語叫水芫花爲「水金京」。

因此，聚落人口愈密集處附近的水芫花，愈是受到摧毀，綠島西海岸、北海岸的族群最受破壞殆盡。林登榮、鄭漢文、林正男（2008，91、153頁）記載島民在「冬季農閒時，會到公館鼻、紫坪等地……」採回當柴火使用，而保育之後，「溫泉尾湖、紫坪、龜灣、公館鼻南側等地」漸回復，其謂紫坪地區族群，直立生長的高度已達2公尺以上，云云。

然而，此度筆者調查所見，當以東海岸中偏下段，「孔子面壁岩」西南側、大湖（溫泉）聚落東北方，特定段落的樣區，水芫花後段的族群（樣區78B），小喬木體型高達3.5公尺或以上。個人推測，水芫花體型當與風力大小有直接相關，除了先前已被消滅的族群或地區不論，目前之所以以樣區78B爲最高大記錄，我認爲緣起於此地恰爲東海岸正欲向內凹陷進入最大凹灣（大湖漁港）的東北段，其東北方恰好有「孔子面壁岩」所在的山稜岬角突出海面，且同一東北方向再約400公尺處，正有「哈巴狗岩」（標高

51公尺）高聳峙立海中，這兩道一高（遠）、一低（近）的屏障，破解東北季風的猛烈程度，造就長驅直貫的東北季風裂解成散開亂流之所致。

準此原則，除了局部微地形效應以外，整體而言，帆船鼻西南側海灣、紫坪瀉湖區後方、龜灣等綠島南岸，最有可能發展成水芫花小喬木或大灌叢。即令如北海岸，如公館鼻突出小山頭的蔽風效應下，同理可發展出高體型族群。奈何，此等地形蔽風效應不只植物，也是人種聚落早期拓殖建立據點的要件之一。水芫花的薪材，人們總是先找高大的砍伐，匍匐低矮者則乏人問津。

而今，水芫花於局部地區最密集，形成密閉式灌叢，例如紫坪的樣區93。筆者以調查搜索灌叢下有無其他物種，受

可能是目前全國最高的水芫花灌木。（2014.9.3）

東海岸南段孔子面壁岩西南方的「水芫花優勢社會」。（2014.9.3；楊國禎攝）

紫坪的水芫花社會是筆者目前所知，水芫花植株密度最高的地區，身處其間，幾乎寸步難行。(2014.9.4)

困在密叢中，而近乎百分百的植株交錯，穿行甚困頓，手腳多次刮傷後才脫離，從而印象深刻。

又，水芫花之使用於跌打損傷，或所謂治筋骨風濕等藥用，或乃華人文化，台灣原住民似乎不興此道，夥同1970、1980年代盛行於南台盆栽、園藝者的盜挖造景，形成恆春半島破壞水芫花社會的主要誘因。筆者於1984、1985年間任職墾丁國家公園管理處，時時得因公、因專業，到屏東法院等，作證說明如水芫花、蔛草的保育緣由。至1980年代末葉，海岸物種之盜採歪風始告淡化。

不幸的是，1987年或解嚴以降，盆景、園藝圈將挖採水芫花等等的行徑轉向綠島、蘭嶼(特別是蘭嶼羅漢松等珍稀美觀物種)，造成綠島水芫花族群繼薪材之後，1990年代橫遭台客搜刮買賣，進入新階段的受殘害期。千禧年之後，壓力始告舒解。台灣人叫水芫花為「海梅」。

「水芫花優勢社會」以均質的礁岩立地及水芫花單種優勢為特徵，水芫花的族群可由開放式(例如樣區16、77B、95、125)、半開放型(79)，到近乎密閉(1、26、76、78A、78B、 88、

93、94、115、120、124）；伴生物種典型者如前述，而表2中物種樣區頻度4%、9%者，都屬意外鑲進者；又如馬鞍藤，係因無性繁殖的走莖，偶而伸進水芫花領域所形成。

3、高麗芝／水芫花優勢社會

水芫花優勢社會範圍內，有時因爲珊瑚礁岩塊之間的凹陷部位，塡滿貝殼砂土等，逢機蔓生可藉無性繁殖擴大覆蓋度的高麗芝族群，其環境通常是排除海水迅速，不致於浸泡鹽水的立地，形成高麗芝與水芫花分庭抗禮，互有優勢的狀態，即本單位之所指，通常位於水芫花帶向內陸的後半段上，或相當的礁岩環境。

也就是說，高麗芝與水芫花是兩個不同的優勢社會，一個是土砂社會；一個是礁岩社會。由於環境鑲嵌，故而社會交織，成爲本異質單位。

砂土堆聚佔絕對比例，以高麗芝爲主的部位，可稱之爲「高麗芝—水芫花單位」，

在珊瑚礁岩水芫花社會環繞中，堆積貝殼砂地上的「高麗芝優勢社會」。（紫坪：2014.9.4）

例如樣區95、53；兩者旗鼓相當者，可以「高麗芝／水芫花單位」，兩物種有時彼多、有時彼少，故以「／」記號，例如樣區76，等等；若水芫花及礁岩塊爲主，砂土及高麗芝爲輔，則稱之爲「水芫花－高麗芝單位」，例如樣區88、94等。

4、脈耳草單位

前述，綠島水芫花植被（物）環帶中，以個人野調經驗而言，坐擁最高頻度的脈耳草乃綠島的特徵。

脈耳草目前使用（二版台灣植物誌）的學名，及其合併了台灣耳草（*Hedyotis taiwanense*）等等，是很有問題的。就綠島而言，脈耳草可歸爲生長在珊瑚礁岩、火山集塊岩、海崖或山壁上的「岩生植物」之一；在臨海珊瑚礁岩上的脈耳草，一進入砂灘環境，立即被同屬的另一種雙花耳草（*H. biflora*）取代掉，但兩者生育地重疊，時而共存一地，且兩種之間也可能存在雜交現象。

脈耳草除了在臨海珊瑚礁岩上之外，最多分佈在海崖的初生演替環境上，時而呈現初生演替第一波次的「脈耳草優勢社會」，例如馬蹄橋附近岩壁上的樣區108；而在水芫花環海一帶上，偶而也形成珊瑚礁岩上的「脈耳草優勢社會或單位」，例如樣區125。

有趣的是，在牛頭山兀立突起的牛角巨大安山集塊岩上，脈耳草與雙花耳草同時並存，更出現形態上顯然截然不同的「台灣耳草」！無論如何，這小群小植物正處於演化上高歧異的變化期，值得進一步探討。

5、環境因子的附註（綠島海岸概述）

綠島環島珊瑚裙礁彷如鑲在全島海岸外圍的「桂冠綠圈」，這是地球上生物造陸的兩大類型之一（另一即紅樹林）。珊瑚礁或現生珊瑚族群的形成有其先天條件。綠島位於熱帶圈，海水溫度終年高於20℃，日照充足，且黑潮的鹽度高，海水乾淨無污，有機或無機物質豐富，因而環島皆足以讓造礁珊瑚族群生長。於是，珊瑚族、有孔蟲、貝類、一大堆藻菌（特別是石灰藻）等，合力營建生物大群聚，估計這些大約1萬年來的生物群聚結構體，形成環繞綠島的隆起珊瑚石灰岩或裙礁。

這一珊瑚裙礁帶正是日夜潮汐、風浪波蝕的保護或緩衝區。假設綠島欠缺這環保護帶，在黑潮、季風及颱風的外力侵蝕、沖蝕之下，恐怕截然不同於古往今貌。

依據李思根（1974）及筆者現地植被調查與踏勘，針對「漸進式珊瑚裙礁海岸」及砂

脈耳草。（2014.6.22）

台灣耳草。（牛頭山；2014.9.2）

灘等作一描繪。

環島珊瑚裙礁帶乃潮汐與波蝕作用的地區，歷經長期的營造，形成「珊瑚礁波蝕平台」，其下部恆處海平面下者，可稱之爲「海蝕台」；其朝陸域出露海平面的波蝕台後半段，即安旱草、水芫花可以生長的後灘地區。

綠島的珊瑚礁波蝕台，以北海岸、東南海岸的發育爲較佳，由海面朝陸地的寬度，通常在50～120公尺之間，綠島燈塔所在的鼻頭角、公館鼻附近、楠仔湖、柚仔湖、大湖聚落（溫泉村）東方的波蝕台，寬幅較大，朝日溫泉區（舊稱滾水坪）甚至寬達200公尺以上。紫坪地區（地圖上，或有人稱之為紫坪瀉湖區的用辭，筆者傾向於使用「大潮池」而不用「瀉湖」）的波蝕台上，見有凝結石灰岩的分佈。又，西海岸北自機場附近（中寮溝）往南，以迄龜灣鼻之間（現今海岸都已淪為人造海堤）的大段落，波蝕台狹小而零星；至於綠島南海岸，由龜灣鼻至馬蹄橋之間，礁岩狹小，並成鋸齒狀態。

李思根（1974，28、29頁）敘述：「珊瑚礁波蝕台普遍存在，致使沙（礫）濱發展受阻（註：李氏使用「濱」字，筆者從俗，採用「灘」字；一般而言，砂粒徑在2～1/16公厘者叫砂粒或砂灘；粒徑大於2公厘者，稱為礫粒或礫灘）……」；筆者調查綠島時的困惑之一，綠島海岸普遍有個「怪」現象，一般台灣的海岸，不管是砂灘或恆春半島的漸進式珊瑚裙礁，由海向陸，地面漸進升高，呈現一平滑面，綠島不然，綠島的海濱外環的珊瑚礁波蝕台向陸域漸次升高，但到了銜接砂灘的邊界，卻突然斷裂下陷，形成前述兩階段海岸，而且，就植被帶而論，水芫花的灌木群在靠海側先出現，然後，後方的砂灘才出現臨海草本植物帶！

李氏解釋，臨海珊瑚礁波蝕台的存在，致令砂灘的發展受阻礙，因爲強勁的黑潮沖刷綠島海岸，大部分河、海的沖積物都被黑潮帶走；而且，綠島的海岸線多平直，更有許多海崖、突岬直接臨海，欠缺足夠的堆積環境；再者，強烈的風浪常以強大破壞力的高頻波（每分鐘13～15次）侵襲綠島。強力的向岸風，迫使海水在近岸處加高，而回流卻可以令海水激起的物質後退；此外，綠島各順向溪流（綠島人皆稱為溝，因為平常根本看不見溪水）源短流促，出山後立即入海，土砂源太少，又立即被黑潮帶走，因此，砂（礫）灘無法大力擴展。

李氏也說明：「珊瑚礁波蝕台上，因高頻波造成之渦旋式流動，及藻類所放出二氧化碳之水化作用，每易留下水泊、條溝等侵蝕痕跡，使裙礁面崎嶇峰利，極難通行。」然而，筆者等，在日治時代尚有30戶達悟人居住的楠仔湖海岸所見，廣大的珊瑚礁波蝕台上，一般的銳利稜角幾乎全面磨平，彷如人工整地般。現地調查中，楊教授認爲殆有人爲或刻意磨平的可能，筆者以爲該地適逢東北季風直貫，海面上毫無阻礙或遮攔，強大風浪捲起千千萬萬大小砂礫，來回研磨，經年累月，刨光礁岩的稜稜角角，以致於平整滑鈍，不同於一般礁岩。此或有待檢證。

關於砂或礫灘，綠島以北海岸最盛行，而且以「灣頭灘」的性質居多，這是因爲北海岸恰與北流的黑潮相背所致。砂、礫灘或砂丘的堆積物，殆以珊瑚角礫、浮石礫、有孔蟲、貝殼砂礫、安山岩之漂石爲主，構成海埔姜、馬鞍藤、天蓬草舅、文珠蘭、草海桐、林投等等砂灘植群的生育地。綠島主要砂（礫）灘如表3。

表3中，中寮灣即中寮港左右兩側砂灘；柴口溝指約在崇德新村至柴口潛水區的海岸；柚仔湖砂灘應是今之海參坪；溫泉礫灘即大湖聚落的海灣；滾水坪即朝日溫泉區；檳榔溝即今之南寮橋，飛機跑道南端到人工海堤的段落。

其中，石人溝附近，在1970年前後，即「政治犯」的採石場，「犯人」開採砂石用

表3、綠島砂（礫）灘調查表（引自李思根，1974；陳玉峯修改用字或地名）

名稱	範圍	長(m)	縱深(m)	堆積物形態	灘地地形	後灘地形
中寮灣砂灘	中寮溝口兩側	770	21～35	粗砂、細礫	珊瑚礁波蝕臺	沙丘與底位隆起珊瑚礁層
柴口灣砂灘	中寮溝北溝至柴口東溝	1230	35～60	細砂、細礫	〃〃〃	柴口砂丘
公館灣礫灘	公館岬至將軍岩	680	20～25	粗砂、細礫、中礫	〃〃〃	海岸平原
流麻溝礫灘	流麻溝河口至牛頭山西方	750	20～30	〃〃〃	〃〃〃	〃〃〃
楠仔湖砂灘	牛頭山東方至觀音溝口	450	10～18	粗砂	〃〃〃	〃〃〃
柚仔湖砂灘	海參坪南半部	500	15～25	粗砂、細礫	〃〃〃	〃〃〃
溫泉礫灘	尾湖溝至溫洞	1030	10～18	〃〃〃	〃〃〃	〃〃〃
滾水坪砂灘	溫洞至旭溫泉	850	10～15	〃〃〃	〃〃〃	〃〃〃
紫坪砂灘	紫坪溝兩側	400	10～20	〃〃〃	凝結石灰岩波蝕臺	低位隆起珊瑚礁
大白砂灘	白沙聚落西南	500	25～40	〃〃〃	〃〃〃	白沙臺地
馬蹄嶺礫灘	龜灣鼻東方200～150m	850	10～22	細礫、中礫、大礫	珊瑚礁波蝕臺	崖錐
石人溝礫灘	港口以南至石人溝南方	500	20～30	中礫至大礫	〃〃〃	〃〃〃
檳榔溝礫灘	檳榔溝兩側	700	10～18	細礫、中礫、大礫	海蝕臺	海岸平原

作漁港擴建工程的材料；「政治犯」也利用上述各砂灘，撿拾貝殼、珊瑚碎片等，做爲所謂「新生營」著名的貝殼畫作的主要材料。又，1950年代起，當局驅使「政治犯」大量開採北海岸礁岩塊，數量龐大，大大改變一些地區的地形。

此外，綠島的現生海崖並不發達，要之，以東海岸較常見；隆起海崖則相當發達。就植被生態而言，筆者一概視爲海崖類型。

概言之，綠島海岸的侵蝕（海蝕）性遠大於海積性，幸虧有了環島的珊瑚裙礁捍衛。這群礁岩因波蝕，儘管稜角銳利、崎嶇而坑坑洞洞，整體而言，乃平整而向海傾斜，其高度約在1～3公尺之間。

關於綠島海岸，筆者將之劃分爲北海岸、東海岸、南海岸與西海岸。北、東海岸由地圖面一目了然，南、西海岸的分界，筆者以龜灣鼻爲分隔，因爲綠島來自海底火山的爆發，全島最高峰的火燒山（海拔約280公尺）、阿眉山（約276公尺）乃火山錐（雖然現今看不出明顯地貌），兩山依東北至西南方向，斜走抵龜灣鼻，這條主稜及海拔等高線圖可以推論，海面下依然是較突高的地形，當黑潮北上，首當其衝者，即帆船鼻至龜灣鼻的這段海岸。徵之綠島漁人，如綠島國小姚校長即指出，龜灣鼻海面上的海流，以及魚群逆流迴游的現象，指出黑潮在龜灣鼻甚至有倒轉，沿岸南流的顛倒現象，對海漂、海岸植被不無生態相關之高度可能性。

至於西海岸，乃現今最受破壞、自然度最低的人工海岸，植被大受摧殘，幾乎無從探討有意義的自然或生態相關。

6-3、砂（礫）灘植物社會

6-3-1、引言

海岸砂（礫）灘地的環境特色，除了海鹽、海風（風切面等）因子之外，其生育地或立地基質並非一般土壤，而是滲漏劇烈、糾結力甚差的沙（砂、礫）顆粒，而且，處於高度的變動性，能夠在此生育地生存的物種，有其對惡劣環境適應能力的特化生理及生態的機能，因而也常形成所謂生態幅度只限於海岸地區的所謂「海邊植物」，而海邊植物又特化出只存在珊瑚礁岩的更狹限的物種如安旱草、水芫花，可謂海岸潮間帶礁岩指標物種。其在長年演化的過程中，甚至漸漸失卻無法存在其他生育地的能力，例如紅樹林樹種無能擺脫潮間帶而登陸；盆栽客敲下珊瑚礁岩塊，移植水芫花時，經常夭折，移種他處初期，還得經常澆灑鹽霧水，再慢慢減少，用以「馴化」水芫花。

除了這等高度適應及特化於海岸環境特色的現象以外，海岸（邊）植物的一般特徵，即在內陸難以與陸域物種競爭，相對的，內陸植物通常也無能進入海岸環境，除了一些特定海岸立地，由於環境內陸化或因子補償作用，而得以進入海岸生存，或只利用特定季節而短暫存活，例如雨季沖刷海岸立地的鹽分因子等。然而，一般現象界通常呈現漸進式的變化。

簡化地說，沙（砂、礫）灘的立地基質是簡化型的「土壤」，是極貧瘠的生理旱地，而綠島的砂灘或礫灘，呈現相對更嚴苛的現象。

如前述，綠島的海蝕遠大於海積，因而綠島的砂源不足，而且，在風浪相對較大的作用下，台灣一般海岸沙灘的細小顆粒無法存在於綠島，而改以粒徑較粗大的顆粒堆置，而且，流動性的沙丘幾乎不存在，或說，綠島的砂灘、砂丘植物是被壓縮的。

相對照的，綠島砂灘植物帶至少具有如下特徵：

1. 台灣一般沙灘植物變化帶，先是出現馬鞍藤，後接以灌木的海埔姜，而後出現草海桐等中等體型的海岸灌木（若是珊瑚礁岩，則在水芫花之後，出現體型稍高的毛苦參等），而綠島大多數砂灘，則海埔姜與馬鞍藤並存同帶。
2. 一般細沙沙丘帶常見的濱刺草雌雄群聚，綠島闕如。然而，其種源海漂南來，應不虞匱乏，推測是綠島環境使然。
3. 目前綠島砂灘植被帶，大部分地區欠缺草海桐的中體型灌木，直接跳接林投小喬木帶，因而一般由海向陸，植物高度連續漸漸挺高的平滑風切面突然斷掉，猛然拔高為高大的林投帶。此現象引發筆者揣摩是否跟後方立即或猛然拔高的鉅大海崖地形屏障相關，其季風或強烈氣流的游走方式究竟為何？（從而引發筆者設計以煙霧追蹤風路的嘗試）
4. 欠缺沙丘、中體型灌木帶，且草本、低矮灌木被壓縮成同一窄帶，沙（砂、礫）灘物種多樣性略低，加上小島嶼遺傳物質之可能快速變遷，夥同人為破壞、放牧壓力、氣候變遷，總成現今的實然與今後變化的基礎。

6-3-2、珊瑚礁岩與砂灘重疊帶的植物社會

各類型生育地朝向不同生育地鑲嵌或交錯，各類型的植物社會也匯集而形成異質性（heterogeneous）社會。植物社會之分類，基本上最好先找出各類生育地典型的社會單位，再朝其與他類社會交匯的變異，循線釐析。也就是說，主軸先找出，再衍展其變

馬鞍藤攀爬上公館鼻海崖頂。（2014.9.2）

公館鼻西側的「海埔姜優勢社會」。（2014.9.2）

化或變異。

珊瑚礁岩帶積砂地，即砂灘嵌進礁岩區空間後帶的現象，這種狀況的代表性物種即高麗芝，另一較屬沙灘的物種即蒭蕾草，它們都是匍匐地面的低矮禾草族，在放牧壓力的環境下，它們也可適存於數十、百公尺標高的放牧地，或綠島常見的海崖頂之貼地低草草地上。

1、高麗芝優勢社會

在海參坪北段，「仙（人）疊石」向內陸側，由於濱海處的數塊「岩頸」、「孤岩」，包括後人編杜神話故事的「仙疊石」，阻擋風浪侵襲陸域，因而此地無植物帶的砂灘被高麗芝等草種盤佔（另一方面，則因羊隻啃食，阻止高草生長），形成面積稍廣闊的砂灘低草社會。

附註：所謂「仙疊石」，是綠島人在觀光興起之後編杜出來的並不浪漫或美妙的故事，因爲這座角柱般的大塊火山岩塊，柱狀節裡分明、工整，好像是長塊板石故意堆疊出來的，所以就瞎掰出八仙跑來這裡，想要蓋一座神廟或神殿，不料被凡人看見

仙疊岩附近的「高麗芝優勢社會」。（2014.9.3）

了，於是仙人們逃之夭夭，留下剛剛起蓋的第一堆石柱也沒完工，但光是仙人的「殘疊」，也就夠美麗、壯觀了。

這似乎是因爲歷來台灣人傾向於不願深入理解自然現象，凡事多不求甚解，加以研究學者們「喜歡」被權霸引導向表面上「很偉大」的研究，對自己家鄉一草一木、地景地文等等，相對地「不屑一顧」，因而龐多司空見慣的在地自然物、自然現象，一向多不明不白，一旦有人問起爲什麼，隨意揑個「言之成理」的道理或故事，通常即可唬唬過去。

筆者找資料研讀，理解出一知半解的成因如下：

綠島還在海底的時候火山爆發，深埋地中的岩漿有些爆流出來，即成岩漿流，有些尚未爆發出來，而留滯在火山岩漿流動的通道或坑道內，就凝結成固體的岩塊了。因爲岩漿要往上爆發時，通常下部量大，爆發口較小，如果岩漿爆出量少，或愛爆不爆地，甚至一段時期愛冒不冒地，最後「胎死腹中」，且在冷凝過程中，因質性、壓力、上冒多次數的緣故，故而形成一層層塊狀岩塊。後來，地殼擠壓上升、出海的過程中，這些岩漿凝結的石柱等，質地跟周遭原先它穿越的地層不同，周遭的地層因風化、外力侵蝕而剝落，而留下一柱柱、角錐體般的火山岩塊，即所謂仙疊石吧?!

地質學家說（李思根，1974，12、13頁）：「……凡冷凝於火山道內，或灌入地殼裂罅之筒形『岩株』，因侵蝕而出露者謂之『岩頸』，岩頸在綠島到處可見，其出現於淺海者成『海柱』，其分佈於後濱海岸帶者成『孤岩』，至於北海岸公館灣一隅，『岩頸』林立，構成『火山架』奇觀……。」

換句話說，公館灣海岸一帶的「將軍岩」、「三峰岩」，或海參坪的仙疊石等等，都是這類「胎死腹中」（火山道內）來不及溢流或噴出來的岩漿凝結而成的？上引文的『』號是筆者加上的。然而，這一堆名詞，何者是學術上通用的專有名詞（terminology）或術語，何者是特定人士的形容詞或信手拈來的自創詞，筆者尚未摸索清楚，不敢置喙，但觀上述資料，似乎並非長年專研火山（或海底火山）所產生，而只是觀察現狀的「推理」。如果上述「推理」是正確的，則筆者也可推測，三峰岩、將軍岩（在第一次目睹時，我一眼認定它是「觀音岩」）很可能與仙疊石是不同波次的火山活動期所產生?! 抑或只是個人門外漢無意義的推演而已?!

茲將高麗芝爲絕對優勢的樣區，以及其變異，夥同轉變至不同社會的代表樣區一、二，並列參考於表4。

就台灣的環境條件而言，像高麗芝這類矮小體型的植物，除非在極端惡劣的因子作用下，或如放牧等食草動物的啃食，或高頻度的踐踏壓力，清除掉其他植物，否則性嗜強光照射的高麗芝、蒭蕾草、安旱草小型等物種，很快地會被淘汰掉，遑論逕自成爲獨佔優勢的植物社會。

緣於歷來統治台灣的外來政權，無論東、西方，皆屬於溫帶國家。溫帶國家的草原景觀或庭園造景，酷愛低草生地，因而數十年來，外來（進口）的高麗芝（韓國草）遂成爲草皮寵兒，大植特植於人爲環境中。事實上，同種的高麗芝在本土台灣有其天然生的群落，即礁岩區未遮光的開放型水芫花凹地積砂處，以及如綠島羊群放牧地所形成的低草原。一旦放牧及人爲踐踏壓力解除後，高麗芝在全台灣的天然環境下，只能以局部、塊斑狀，存在於海岸礁岩之間而已（例如恆春半島、蘭嶼、綠島、澎湖群島等等）。

樣區29，即1998年12月10日動工，1999年12月10日落成的「人權紀念碑」週遭，由人工植造的高麗芝低草生地，係拜人潮踐踏而勉強維持低草生地的現象，但其他海邊植物如馬鞍藤、海雀稗，或次生雜草如香附子等，隨時可以入侵。

樣區23（公館鼻西側堤防外的礁岩後方積砂區）；樣區54及55，乃柚仔湖珊瑚礁岩凹地積濕砂地，約是面積稍大的天然高麗芝後灘優勢社會；樣區71則是海參坪仙疊石向陸域的略蔽風區，大面積的高麗芝優勢社會。

樣區54、55及71，殆爲綠島海濱少見的高麗芝優勢社會的特例與天然典型。而

人權紀念碑區的高麗芝人工草地。（2014.9.2）

表4、高麗芝優勢社會及其空間變異、蒭蕾草優勢社會
及台灣海棗優勢社會資料

相對數量 樣區 物種	29	23	54	55	71	38	69	83	65	68	73	129	42
高麗芝	5・5	5・5	5・5	5・5	5・5	5・5	5・5	5・5	4・4	4・4	+・1		2・4
馬鞍藤	+	2・+	+	2・2	+	+	+			2・3			
海雀稗	+												
香附子	+												
紅花黃細辛		+											
海馬齒		2・3											
龍爪茅		+											
脈耳草			2・4	1・2	+・3								+
海埔姜				+									
雙花耳草				+			+			+			
天蓬草舅				+								1・1	
蘄艾				+									
細葉假黃鵪菜				+								2・3	
乾溝飄拂草					+・2		+・1		1・2	1・2			
蘭嶼小鞘蕊花					+1						+		
扭鞘香茅						2・2	1・2		1・2				5・5
牡蒿						1・2							
木防已						+				+			+
早田爵床						+・1	+・1	+・1	+・1	+・1			1・2
卵形飄拂草						+	+	2・3	2・3	+・1			+
毛馬齒莧						+			+				
鍊莢豆							1・3		+	+			
竹節草							+・1		+	1・2			
假儉草							2・3			+			
臺灣耳草							1・2	+・1	1・3	+・1			
三點金草							1・2		+・1				+
鴨舌							+・1				+		
絨馬唐								2・3	+	+・1			1・2
圓果雀稗								+	1・1				
臺灣海棗								1・+		4・4			
滿福木								1・1		2・2			
紫背草								+	+・1	+・1			

樣區 相對數量 物種	29	23	54	55	71	38	69	83	65	68	73	129	42
南國小薊								+		+			
圓葉土丁桂								+・1	+・1				
傅氏鳳尾蕨								+・1		1・2			1・2
耳葉鴨趾草								+・1					
雷公根								+	+	+			+
蒭蕾草											5・5	5・5	
藍豬耳											+		
南嶺蕘花										+	+		+
刺芒野古草									+・2	1・2			
印度鴨嘴草									2・3	1・2		+	
一枝香									+・1				+
匍伏千根草									+	+			
小馬唐									+・1				
千根草									+				
濱豇豆										+		+	
酢醬草										+			
兔兒草										+			
白茅										+・1		+	
白頭水蜈蚣										+			
水蔗草										+			
黃金狗尾草										+			
扁穗莎草										+			
小豇豆										+			
恆春金午時花										+			
白花草													+
海金沙													+・1
長柄菊												+	
三葉木藍												+	
海牽牛												1・1	
五節芒												+	
無根藤												1・2	
細穗草												+	

樣區23已受人爲干擾，次生植物正入侵中。

表4這群樣區的最大特徵在於，雖然其社會絕大多數都是由高麗芝佔盡絕對優勢，但各自的伴生物種可謂「天差地別」，因爲，高麗芝優勢社會基本上可區分爲兩大類型：一類即上述樣區23、54、55及71所代表的，後灘天然社會，其指標或分化種（具有特定生態指標效應的物種）即脈耳草（本身即礁岩植物，或海崖壁演替第一波次的先鋒小草本）；另一類即各山頭、山坡、階地等，放牧、踐踏壓力所營造出的低草生地，其指標物種即早田爵床、卵形飄拂草，或絨馬唐及台灣耳草，樣區如38、65、69及83。

樣區38位於「十三中隊」（政治受難者埋骨處）北方的小山頭或海崖頂；樣區69位於「睡美人岩」的「腹部」闊脊稜台地上；樣區65座落於「睡美人岩」的「胸尖頂」；樣區83則落在「帆船鼻」岬的東南崖頂上。這4個樣區處於羊群啃食中，或大量遊客的踐踏地，因而可以形成「高麗芝優勢社會（放牧或踐踏壓力型）」。

一旦踐踏或啃食壓力稍減，則其他體型較高大的物種、草種立即凌駕高麗芝，例如位於牛頭山海拔最高的北向坡草地的樣區42，高麗芝族群已式微，而演替爲「扭鞘香茅優勢社會」。

又如座落在「睡美人岩」「胸部」，朝向南方的垂直大海（斷）崖，崖頂邊緣的樣區68，由於台灣海棗、滿福木的灌木族群已漸發展出，高麗芝只存在於灌木外圍，而且，大量其他草種已入侵，造成物種多樣性達到這群樣區的最高值，有32種植物以上，此時，這樣區已經演替爲「台灣海棗優勢社會」矣。

行文再轉回後灘情況。

上述海參坪以及柚仔湖的高麗芝優勢社會，大約就是綠島該社會在濱海處的最大盤佔面積處，也就是說，綠島的東海岸是其大本營，此一分佈空間，雷同於恆春半島的概況，從而讓筆者下達東北季風的鹽霧很可能是清除或壓抑其他體型稍高的海邊植物，讓高麗芝可資形成社會的主因。

而海參坪的高麗芝社會（或部分柚仔湖地區），甚至延展到銜接林投小喬木林的邊緣。有趣的是，通常存在於沙（砂）灘草本植物帶（馬鞍藤、海埔姜等）的伴生植物蒭蕾草，偶而也會在濱海高麗芝社會的範圍內，逕自形成小面積的「蒭蕾草優勢社會」，例如海參坪樣區73，以及飛機場外的砂灘樣區129。

因此，在本小節（6-3-2）所謂的礁岩及砂灘重疊帶中，另可列出：

2、葛蕾草優勢社會（敘述如上）。

6-3-3、綠島典型的砂（礫）灘植物社會

本小節主述綠島砂灘第一、二植物帶並存（海埔姜及馬鞍藤）的植物社會。其在空間分佈上，通常與其前方的礁岩水芫花植物帶之間，隔著一帶砂（礫）的無植物裸露帶，而只有在少數地區，以高麗芝、葛蕾草社會為過渡帶相連接。

換個角度說，馬鞍藤、海埔姜等族群入侵高麗芝、葛蕾草社會，令其式微或全然取代之；或，馬鞍藤等，逕自進入灘地，形成海濱砂、礫灘初生演替先期物種及其社會，由於恆處陸海交界區，演替受阻，形成地文極盛相，恆滯於第一階段，或反覆入侵與消失。而朝內陸的空間變異，亦即進入灌叢、小喬木、海岸林系列的呈現，代表時間演替系列轉變為空間變異系列。本小節即指草海桐、苦林盤、林投帶之前的灘地社會。

表5列出綠島砂（礫）灘植物社會，以及鄰接的不完整的草海桐灌木帶等34個樣區的物種資料。前24個樣區即砂（礫）灘草本體型植群，此等社會，代表依時、空，由高麗芝或葛蕾草優勢社會演替（變）而來。

整體而言，綠島的砂（礫）灘植物社會可命名為「海埔姜／馬鞍藤／天蓬草舅優勢社會」，其下可以再區分為若干單位。

葛蕾草。（2014.9.3）

表5、砂（礫）灘草本體型「海埔姜／馬鞍藤／天蓬草舅優勢社會」，
以及不完整的「草海桐優勢社會」樣區資料

相對數量＼樣區 物種	35	56	75	96	22	33	12	13	90	14	105	128	114	119	48	103	118	57	58
海埔姜	5·5	4·5	5·5	5·5	5·5	4·4	4·5	4·4	4·4		2·3		+		5·5	5·5		2·1	3·4
馬鞍藤	5·5	4·4	2·3	2·3	3·4	4·4	3·2	2·2	2·2	4·4	5·5	4·4	3·4	5·5	+·1		2·2	1·1	2·2
天蓬草舅	3·4	2·2		+	1·1		3·4	4·4		3·3		1·2			2·2			5·5	4·4
早田爵床	1·2				1·3		+	2·2							+·1			+·1	2·3
雙花耳草	1·2		+		+·1	+		1·2	+·1		1·3				+·1	1·2			
鵝鑾草	+·1	3·4	2·3		1·1		1·1	2·3			2·3	2·3		+·1	1·2	+·1	1·1		2·3
牡蒿	+					+													
高麗芝		3·4	4·5												2·3				
茅毛珍珠菜		+·1																	
脈耳草		+·1		+															
蘄艾		+																	
乾溝飄拂草		+	+		+													+	
印度鴨嘴草		+·1											+					+	
海雀稗		+·1																	
細穗草		+																	
白花霍香薊			+																
葉下珠			+																
台灣海棗			+																
南嶺蕘花			+			+									+				
藍蝶猿尾木				1·2															+
蘭嶼木藍				+															
蓖麻子				+															
琉球鈴木草					1·3														
欖樹					+														
絨馬唐					1·3														
苦藦					+·1														
香附子					+·1			+											
紅花黃細辛					+														
黃槿						+													
雙花蟛蜞菊						1·1							+	1·2					
濱豇豆						1·2				2·2		+	2·3	1·2					
細葉假黃鵪菜						+						+·1							
林投						+				+									
無根藤							1·2	1·2				2·1					+		
濱大戟							+·1	+·1	+	2·3	2·4	2·4			1·2				

樣區 相對數量 物種	5	6	81-C	80	106	27	28	7	9	117	81B	130	126	123	113	樣區106之前的額度(24)
海埔姜	+		1・3	(3・4)	(3・4)											19：79%
馬鞍藤	+		+	(2・3)	(4・4)	2・3	1・1	2・2		+				1・1		22：92%
天蓬草舅	2・3	5・5	4・4	1・2				1・2	1・2		+					15：63%
早田爵床	+	3・3						+・1								9：38%
雙花耳草	1・2							+			+					10：42%
蒭蕾草	+・1	2・2	+	+・1				2・2					4・4			17：71%
牡蒿																2：8%
高麗芝																3：13%
茅毛珍珠菜	+・1															2：8%
脈耳草																3：13%
蘄艾																1：4%
乾溝飄拂草		+・1														5：21%
印度鴨嘴草						+										3：13%
海雀稗																1：4%
細穗草																1：4%
白花霍香薊																1：4%
葉下珠																1：4%
台灣海棗																1：4%
南嶺蕘花																3：13%
藍蝶猿尾木																2：8%
蘭嶼木藍											+					1：4%
蓖麻子																1：4%
琉球鈴木草																1：4%
欖樹																1：4%
絨馬唐																1：4%
苦蘵																1：4%
香附子																2：8%
紅花黃細辛							+									1：4%
黃槿																1：4%
雙花蟛蜞菊	+					4・5	5・5			1・1		1・+	1・+		3・2	4：17%
濱豇豆	+							2・2	1・2	1・1			4・4	4・4	1・1	6：25%
細葉假黃鵪菜												1・1				2：8%
林投	+				+					2・+		+	+			4：17%
無根藤			2・3	5・5	5・5			1・1	1・3	1・1			1・+			7：29%
濱大戟	1・1	+	+・1	+	3・4			1・+		+						12：50%

相對數量 樣區 物種	35	56	75	96	22	33	12	13	90	14	105	128	114	119	48	103	118	57	58
白花馬鞍藤								2・3											
文珠蘭								+		2・2	+								
滿福木									1・1										
雷公根									+						+・1				
鵝仔草										+									
大花咸豐草										+									
草海桐										1・+									
三葉木藍													3・4	2・3					
濱刀豆													1・1						
五節芒													+	+・1					
小海米																	1・2		
鹽地鼠尾粟																	+・1		
升馬唐																		+	
假蛇尾草																		+・1	
小馬唐																		+	
爪哇莎草																			(4・4)
三裂葉蟛蜞菊																			1・2
匍匐剪刀股																			
欖仁																			
白水木																			
海岸烏斂莓																			
傅氏鳳尾蕨																			
對葉榕																			
稜果榕																			
印度牛膝																			
血桐																			
舖地黍																			
平原菟絲子																			
白木蘇花																			
青苧麻																			
小花蔓澤蘭																			
垂瓜果																			
酢醬草																			
長柄菊																			
物種數	7	12	10	7	13	10	7	11	7	9	6	7	8	6	10	3	5	9	8

相對數量 \ 樣區 物種	5	6	81-C	80	106	27	28	7	9	117	81B	130	126	123	113	樣區106之前的額度(24)
白花馬鞍藤																1：4%
文珠蘭					+						+					4：17%
滿福木																1：4%
雷公根			+・1													3：13%
鵝仔草																1：4%
大花咸豐草					+									1・1		2：8%
草海桐	+					1・1	+・1	4・3	5・5	5・5	5・5	5・5				2：8%
三葉木藍	+			+				+							2・3	4：17%
濱刀豆																1：4%
五節芒												1・2	+	3・4	44	2：8%
小海米																1：4%
鹽地鼠尾粟																1：4%
升馬唐																1：4%
假蛇尾草																1：4%
小馬唐																1：4%
爪哇莎草																1：4%
三裂葉蟛蜞菊													+	+		1：4%
匍匐剪刀股	1・2															1：4%
欖仁	+									1・+						1：4%
白水木	+															1：4%
海岸烏斂莓						2・3	3・4			1・1						
傅氏鳳尾蕨						+・1										
對葉榕							+									
稜果榕							+・1									
印度牛膝							+									
血桐										1・+						
舖地黍										+						
平原菟絲子										1・1						
白木蘇花											+					
青苧麻														1・1		
小花蔓澤蘭														1・2		
垂瓜果														1・2		
酢醬草														+		
長柄菊															+	
物種數	16	5	7	7	7											8.2種／樣區

本社會物種出現的頻度，依序爲馬鞍藤92%、海埔姜79%、葫蘆草71%、天蓬草舅63%、濱大戟50%、雙花耳草42%、無根藤29%、濱豇豆25%、乾溝飄拂草21%；出現17%頻度者有雙花蟛蜞菊、林投、文珠蘭及三葉木藍等；13%者有高麗芝、脈耳草、印度鴨嘴草、南嶺蕘花、雷公根；出現只2個樣區8%者如牡蒿、茅毛珍珠菜、藍蝶猿尾木、香附子、細葉假黃鵪菜、大花咸豐草、草海桐、五節芒；其餘僅出現1個樣區者，計有蘄艾等28種；總計「海埔姜／馬鞍藤／天蓬草舅優勢社會」中，出現55種植物。

另一方面，各樣區出現的物種數由3至16種，平均8.2種，但最多樣區是7種，有8個；出現5種、6種、8種、9種者，各有2個樣區，也就是說，一個樣區出現7種最是常態。

就全綠島海岸砂灘植群而言，筆者認定由第十三中隊往燕子洞途中，經過一片平緩砂丘的樣區35，大約是最最典型者，因爲此地遭受人爲的干擾度較低。其爲N30°E，坡度約8度，植物高約10公分或以下，顯見東北季風的影響甚大；其以馬鞍藤及海埔姜爲近乎完全覆蓋（5・5），另有典型的天蓬草舅（3・4）亦具相當優勢；伴生以雙花耳草、早田爵床、葫蘆草及牡蒿，物種數恰好爲7。這7種植物，大致也以砂灘爲其分佈中心。

也就是說，典型砂灘植物如樣區35，且以此典型，向各種環境、不同植物單位、干擾，或其他時空方向作變異。

在討論植物社會細分之前，先對物種一一作鑑別。

筆者歷來探討任何物種的生態特性時，著重該物種在現實環境中，時、空的分佈中心之所在，也就是該物種與無機環境、有機世界交互相關之後，存在的實然。有了此面向實況的掌握，對進一步生理生態、個體生態學等等研究，才能提出有意義的問題。以下，敘述之。

馬鞍藤：一向是台灣海岸沙灘等，臨海第一草本植物帶的優勢種、指標或分化種。它的生態幅度遠比存在現狀廣闊，但因其爲不耐蔭的蔓爬地表物種，其他體型高出者即可將之淘汰。而在放牧壓力下，綠島的馬鞍藤可以攀爬上公館鼻小山丘稜頂，例如樣區19，形成最大的優勢種，但屬意外者，筆者將該樣區歸屬於「絨馬唐

馬鞍藤。（2014.6.23）

鬼門關、骷髏頭之間的
馬鞍藤族群。（2014.9.2）

開白花的海埔姜。（中寮；2014.9.1）

海埔姜的果實。（2014.9.2）

開紫花的海埔姜。（中寮；2014.9.1）

海埔姜一般皆是灰綠葉開紫花，綠島一些地區在一般形態族群中，夾雜有黃綠葉片開白花者。（楠仔湖；2014.9.2）

優勢社會」之下；又如朝日溫泉通往帆船鼻的海崖頂棧道旁，顯然是人爲種植的馬鞍藤，生長極爲茂盛。

海埔姜：典型馬鞍藤之後帶的小灌木，可歸爲沙丘物種，其可以長走沙地，形成單株的小群聚。嚴格林投帶之前的沙（砂）地物種。

蒭蕾草（頻度71%）、天蓬草舅（63%）、濱大戟（50%）等這三種，都屬於砂灘，或綠島馬鞍藤及海埔姜空間壓縮合併帶的典型元素，或其伴生種。

雙花耳草雖有高頻度（42%），但尚可存在於內陸次生社會，或可歸爲陸域向海濱砂灘逢機的入侵種。

無根藤是半寄生植物，一般倚賴海埔姜族群，且已形成特定季節的韻律。例如在恆春半島，每年三、四月間，海埔姜等砂灘物種萌長新葉，而無根藤的種苗則稍晚

小葉小花型的天蓬草舅。（中寮；2014.9.1）

一般的天蓬草舅。（2014.6.23）

中寮港澳即在海岸內凹處。港澳以西，至燈塔之間的砂灘存有「天蓬草舅單位」，但其族群存在2類體型（大小）。

一、二個月出現。它本身具備一些光合作用的能力，但必須找到宿主之後才會蓬勃生長，完成年週期生活史。由於無根藤可以攀佔海埔姜等社會，作全面盤佔，且吸乾幾近所有宿主的葉片，因而8、9月以降，原本宿主社會外觀上近乎蕩然不存，改以無根藤佔據全社會，故而1984、85年，筆者將其列爲墾丁國家公園沙地草本植物的優勢社會之一。然而，它只是季節性寄存（一年生植物），原宿主社會仍然健在，夥同另如蔓藤植物所形成的倚賴性（dependent）外觀群落等，例如葎草、雙花蟛蜞菊等等物種，攀附或覆蓋的一種植相，欠缺社會結構的完整性，筆者後來（陳玉峯，2005）將之列爲「蔓性假植物社會」類型。

依據無根藤的分佈中心顯示，可以歸列爲海邊植物、沙（砂）灘植物。它可以寄生在海埔姜、馬鞍藤、濱刺草、草海桐等等物種之上。

濱豇豆當然是海邊植物，但並不侷限於砂灘，而較屬於灌叢帶各類生育地破壞後的次生蔓性物種。

乾溝飄拂草似爲礁岩、岩生型的海邊植物，較不屬於砂灘物種，但因綠島的砂灘物質顆粒頗大，大致可視爲破碎的礁岩塊，而致令其在砂灘也有21%的頻度出現。

頻度17%的植物有4種，雙花蟛蜞菊、文珠蘭可歸於砂丘植物，但前者可延展至

寄生至半寄生的「無根藤蔓性假社會」。（大白沙；2014.9.4）

濱豇豆。（2014.9.1）

三葉木藍。（2014.9.4）

細葉假黃鵪菜。（2014.9.2）

濱大戟。（2014.9.4）

海岸灌叢帶的次生系列，過往綠島人以之餵食豬隻；林投是海岸第一喬木帶的物種，且可擴展至衝風山坡，形成超大面積的前、後岸、海崖頂的小喬木林，並非狹義的砂灘植物。全台灣最大面積的林投優勢社會，存在於恆春半島自鵝鑾鼻以迄九棚等，東海岸的前後岸超大社群。

三葉木藍是海邊植物，生育地橫跨礁岩、石礫地及砂灘；印度鴨嘴草亦然；南嶺蕘花並非海邊植物，但可延展海岸地帶；雷公根是內陸物種，次生類，偶而跑進海岸地區；高麗芝、脈耳草已見前述。

出現2個樣區（頻度8%）的8種植物，皆非狹義的砂灘物種，而爲海邊植物者有牡

2014.9.2清晨6時50分已開展的白花馬鞍藤。（中寮）

白花馬鞍藤族群。（中寮：2014.9.2）

蒿、茅毛珍珠菜、草海桐（砂丘、礫岸、岩生、海崖皆可適存），細葉假黃鵪菜、滿福木，是海崖、岩生、岩隙地物種，而藍蝶猿尾木（外來入侵種）、香附子、大花咸豐草（「惡質」外來入侵種，但在綠島並不發達）、五節芒等，是陸域次生雜草，皆非海岸砂灘地的植物。

僅出現於1個樣區的28種植物，其中，蘄艾、細穗草、台灣海棗、琉球鈴木草等，是海崖物種；白花霍香薊、葉下珠、蓖麻子、苦蘵、紅花黃細辛、鵝仔草、升馬唐、小馬唐、爪哇莎草等，是內陸荒地次生物種；海岸小喬木、海岸林物種如白水木、欖仁、黃槿、欖樹等；海岸灌木另如蘭嶼木藍並非砂灘植物；海雀稗殆爲鹽鹼土物種；濱刀豆的生育地較廣，但非砂灘物種；鹽地鼠尾粟在台灣西海岸殆是潮間帶泥濘地的純群落，在綠島屬於偶發小叢的存在而已。

眞正砂灘物種有匍匐剪刀股、小海米、白花馬鞍藤等。

因此，綠島「海埔姜／馬鞍藤／天蓬草舅優勢社會」眞正的物種，除了命名這3種之外，大約只能加上蒭蕾草、濱大戟、匍匐剪刀股、文珠蘭、小海米、白花馬鞍藤等。

其次，在本優勢社會之下，約可再區分爲下列小單位：

1. 海埔姜／馬鞍藤單位：例如樣區75、96、33、90、105等。
2. 馬鞍藤／天蓬草舅單位：例如樣區14、128等。
3. 馬鞍藤單位或優勢社會：如樣區119、114。

白木蘇花。（2014.9.2）

雙花蟛蜞菊。（2014.6.23）

蘭嶼木藍。（紫坪：2014.9.4）

文殊蘭花序正開展。（2014.9.2）

4. 海埔姜單位或優勢社會：如樣區103。
5. 天蓬舅草單位：如樣區6。
6. 無根藤蔓性假社會：如樣區80、106。

苦林盤。(2014.9.3)

此外，在綠島砂(礫)灘範圍內，甚或更逼近海域的礁岩區，由於溪溝淡水的排放，形成局部小濕地的「舖地黍優勢社會」，例如樣區116，只有單純一種舖地黍族群，鑲嵌在珊瑚礁岩之間；又如公館鼻西側，公墓堤防外，一條家庭廢水的排放處，形成淡水及海水交替作用的濕地，正因人類食用水果等排廢，形成奇特的物種鑲嵌，例如樣區25，其雖以海雀稗獨佔優勢，而可命名爲「海雀稗優勢社會」，但其伴生植物有藍蝶猿尾木、鱧腸、苦藤、毛馬齒莧、野莧、耳葉鴨趾草，以及香瓜、西瓜、蕃茄等。

附帶地，在本優勢社會的後方，若環境條件及其他因素許可，在林投或海岸小喬木林之前，應該存在「草海桐優勢社會」，例如表4的樣區7、9、117、81B、130等。

而草海桐優勢社會或林投帶被破壞後，可以形成雙花蟛蜞菊的蔓性假社會，例如樣區27及28；或者荒廢地、人工除草地的濱豇豆蔓性假社會，例如樣區126及123；或內陸高草生地的「五節芒優勢社會」，例如樣區113(或其混合)。

草海桐。(2014.6.23)

6-4、海岸灌叢或小喬木植被帶社會，以及海岸林

除了極端偶發的暴風浪潮之外，在台灣1,200餘公里海岸線上，大致皆以林投為天然標誌。也就是說，通則而言，林投開始出現，且形成群落或社會，其向海的界限，殆即該地海岸線之所在，也就是海灘（後灘）的終止處，亦即前岸的開始線；就環境因子總括，這條界線大抵就是一般暴風浪潮的邊界。

林投的出現，正是農耕地的開始。林投之前的土地，幾乎不可能存有農林可資利用的條件，遑論住家、聚落的發展。而現今林投帶的後方，過往大抵即耕地，且在棄耕之後，次生演替為稜果榕等次生林。

林投的果實是典型海漂種實之一，而林投社會，基本上存在於海岸線後一窄帶；同一植物帶上，一般尚可見有黃槿、欖樹、白水木、葛塔德木、止宮樹、臭娘子、鐵色、樹青（山欖）、白樹、紅柴、咬人狗、水黃皮等等樹種，但現今幾近闕如，仍因過往墾植、砍除之所致，另一章節再予探討原生植被概況或追溯，在此僅就調查所得析論。

機場外的林投灌叢。（2014.9.4）

大白沙地區欠缺前帶矮灌木的林投灌叢。(2014.9.4)

然而，林投不只出現在海岸線上。由於林投具備阻擋海潮強風的強悍特性，更且，其植株藉由不定支柱根的發達，相互植株之間往往盤虬互結成團，形成抗風的堡壘般，風力在其群團之間隙被分解；在其叢生葉間，乃因其為螺旋生長，且堅韌葉片邊緣更有成排尖刺，雖然沒有實驗證明，筆者推估長針刺或有讓風阻降低的效應。因此，恆春半島東海岸的廣大山坡，面對每年強勁的東北季風風壓之下，其他樹種很難蔚為森林的立地，林投却可形成超大面積的純林，故而筆者曾命名其為「風成社會」。

風成社會的林投小喬木或大灌叢，往昔必定盛行於綠島，特別是從鼻頭角到牛頭山，乃至帆船鼻等北海岸、東海岸的海崖平台、斜坡等地域。

本小節的植物社會，在未開發的時代，正是海岸灌叢、小喬木林、海岸林，以及局部區域的熱帶雨林所在地，或海岸植被的前岸及後岸植群。可嘆的是，筆者調查環島一周之後，確定原始完整的林分，今已蕩然不存。

表6列出本小節所指社會或林分的樣區資料。

表6中之優勢社會或其下單位如下：

林投雄花序。

林投螺旋上長的葉片。（2014.11.9）

林投未熟果實。（2014.11.8）

林投熟果可食。（2014.6.23）

1、林投優勢社會

林投優勢社會通常爲單一優勢種。若其爲發展完整者，通常以林投族群爲完全覆蓋，且林下因高遮蔽率而陰暗，其他物種難以存活，只在局部塊斑狀破空處，存有伴生物種。

伴生物種視該林分所在位置，而物種歧異。一般而言，伴生有草海桐者，殆即位於海岸線附近，例如樣區3、8、11、15、34、61、81A、122、127、131、97、104等。樣區34出現了一小株毛苦參，位於綠洲山莊前，是此次調查唯一發現的本來應該大量存在的毛苦參。

毛苦參是豆科海邊礁岩上灌木，常出現在水芫花之後方，生態地位相當於砂灘之草海桐。推測1950年代暨之前，今之「人權紀念園區」之前的海岸地帶，毛苦參族群

表6、林投優勢社會及其相關單位，以及海岸林破碎林分或次生樣區資料

樣區 相對數量 物種	3	8	11	15	34	45	61	81A	91	122	127	131	17	97	104	50	62
林投	5·5	5·5	5·5	5·5	5·5	5·5	5·5	4·4	5·5	4·4	4·4	5·5	5·5	5·5	4·5	4·4	
草海桐	+	2·2	2·2	+	1·+		3·2	2·2		2·1	3·3	1·+		+	1·+		
濱當歸(枯)	+																
文珠蘭		1·2		+						+							
天蓬草舅		1·2															
馬鞍藤		1·1			1·+												
海埔姜		+			2·3								1·1				
黃槿			1·+	+·1									3·3	1·1		3·2	5·5
濱豇豆			1·+	+·1						1·1			1·1				
野牽牛			1·1														
雞屎藤				+													
爬森藤				+													1·1
海牽牛				+													
大花咸豐草				+						1·1							
雷公根					+·1												
毛苦參					+												
早田爵床						+											
卵形飄拂草						+·1											
刺芒野古草						+											
無頭地寶蘭						+											
蓮葉桐							+										
三葉魚藤							1·2										1·1
欖仁								+					1·1				
瓊崖海棠								+			1·+						
假三腳鼈									3·1								
大葉樹蘭									+							+	
木防已									+								
蘭嶼鐵莧										+							
蒴藋草										+·1							
五節芒										1·1	1·1						
苦林盤										1·1				+			
海岸烏斂莓											+						1·1

樣區 相對數量 物種	51	52	74	98	101	64	63
林投	1・1				+ / /	/ /+	/ 44 / 2・2
草海桐							
濱當歸(枯)							
文珠蘭							
天蓬草舅							
馬鞍藤							
海埔姜							
黃槿	4・3 /						
濱豇豆							
野牽牛							
雞屎藤				+ /	1・1 / /+1		
爬森藤		/+・1	/ /+・1	/ 1・2	+ /+1 /		
海牽牛							
大花咸豐草							
雷公根							
毛苦參							
早田爵床							
卵形飄拂草							
刺芒野古草							
無頭地寶蘭							
蓮葉桐							55 / 1・1 /
三葉魚藤							/ / 1・1
欖仁				2・+ /		3・+ / /	
瓊崖海棠							
假三腳鼈							
大葉樹蘭	1・1 / 1・2	1・+ / 4・1	/ 4・3 / 1・2	+ /+	1・1 / 2・2 / 1・2	/ 1・2 / 1・1	/+ /
木防已							
蘭嶼鐵莧							
葯蕾草							
五節芒					/ 1・+ /		
苦林盤	1・+				/ 1・1 /		
海岸烏斂莓	2・2 / 1・2	3・3 / 1・1	2・3 / 2・3 /+・1	2・1 / 1・+	3・1 / 1・1 / 1・2	/ /+・1	/ / 1・3

樣區 相對數量 物種	3	8	11	15	34	45	61	81A	91	122	127	131	17	97	104	50	62
細葉黃鵪菜											+						
雙花蟛蜞菊												1・1					
棋盤腳															2・+		
臭娘子															+	+	
稜果榕																3・3	1・+
姑婆芋																1・1	
漢氏山葡萄																1・1	
台灣海棗																+	
傅氏鳳尾蕨																+・1	
海金沙																	
月桃																	
菲島福木																	
毛柿																	
咬人狗																	
花蓮鐵莧																	
菲律賓朴樹																	
對葉榕																	
白肉榕																	
血桐																	
山葛																	
榕樹																	
山棕																	
山欖																	
長果月橘																	
蘭嶼荖藤																	
毛花山柑																	
大星蕨																	
長葉腎蕨																	
海岸擬茀蕨																	
山豬枷																	
雙花耳草																	
蘭嶼樹杞																	
大葉山欖																	
銀合歡																	

相對數量 ＼ 樣區 物種	51	52	74	98	101	64	63
細葉黃鵪菜							
雙花蟛蜞菊							
棋盤腳							
臭娘子							
稜果榕	3·2 / 1·2	3·2 /	3·3 /	4·4 / 1·2	4·3 / 2·2 / +·1	3·+ / 2·2 / 1·1	/ + / +·1
姑婆芋	/ 4·4	/ 3·3	/ / 1·2	/ 3·4	/ / 1·2	/ / 2·3	
漢氏山葡萄	1·1			2·1 / 1·+	2·1 / / 1·1		
台灣海棗							
傅氏鳳尾蕨	/ 2·3	/ 1·2		/ +·1	/ / 1·1	/ / +·1	
海金沙	+			/ +			
月桃	+			1·+ /			
菲島福木		3·+ /					
毛柿			1·+ / /				
咬人狗			2·2 / /				
花蓮鐵莧			3·3 / /				
菲律賓朴樹			1·+ / + /				
對葉榕			1·+ / /				
白肉榕			/ 1+ /				
血桐				2·1 /			
山葛				1·+ / +	1·+ / /		
榕樹					+ / /		
山棕					2·2 / /		
山欖					/ + /		/ / +
長果月橘					/ 1·+ /	/ 3·2 / 1·1	/ / +
蘭嶼荖藤					/ / +		
毛花山柑					/ / +		
大星蕨					/ / +		
長葉腎蕨					/ / 1·1		
海岸擬茀蕨					/ / +		
山豬枷					/ / +		
雙花耳草					/ / +		
蘭嶼樹杞						1·1 / 2·2	
大葉山欖						3·+ / /	
銀合歡							/ +·1

註：樣區若為森林結構則分層，「/」示2層次；「/ /」示3層次。

假三腳鼈。（2014.9.3）

或許大量存在。「1951年第一批到達的新生（政治犯），在新生訓導處前方珊瑚礁灘打石。連續幾年，打石頭成爲最重要的勞動。打下來的石頭，用來砌建圍牆、房舍、整理流麻溝、整地鋪路等。估計8年之內，所打石頭超過3萬立方公尺。珊瑚礁灘平整的鑿痕，50年後依然清晰可見。」（交通部觀光局東管處，2014發放之摺頁）也就是說，此地區的後灘礁岩毛苦參等立地，悉數遭剷除?!

位於帆船鼻岬西側的海灣，礁岩上的水芫花優勢社會甚爲茂盛。其向陸域後方的林投優勢社會，混生有海岸小喬木假三腳鼈多株，如樣區91，夥同現今前、後岸，公路旁，尙多見假三腳鼈（芸香科），暗示原始時代，假三腳鼈必是海岸灌叢、森林的重要伴生樹種。

樣區45，位於牛頭山大平台的中凹部位，其伴生物種截然異於海岸線者，推測昔日或爲風成社會的領域。

海岸線附近，林投與草海桐交界處，或可列爲過渡帶單位。

2、林投／草海桐單位，例如樣區61、81A、127等。

海岸線略朝內陸之海岸小喬木林，林投可與黃槿分庭抗禮，或黃槿族群亦可在局部地區形成塊斑狀森林，如下列單位：

3、林投／黃槿單位，例如樣區17、50，但樣區50的稜果榕佔據更大優勢度，指示其乃次生而出。

4、黃槿優勢社會，例如樣區62。

5、黃槿／稜果榕單位，例如樣區51，乃次生小喬木林。

6、稜果榕優勢社會

稜果榕是泛見全台灣低海拔山區溪溝、溪澗兩側的小喬木，靠藉鳥類、哺乳動物、松鼠、飛鼠、囓齒類等等動物吃食、排遺而傳播的榕屬樹種，因而其傳播機制多樣而廣泛，各種立地皆可到達，提供其拓殖的有利地位。在綠島，稜果榕更是台灣狐蝠的主食之一。

稜果榕族群在溪溝陰濕地的演替地位，初生或次生無分，可形成小群聚，且因重複出現度甚高，而可命名爲優勢社會。稜果榕耐陰，但全光照活得更旺盛，推估它於近世來到綠島之後，族群適應極佳，形成全島破壞地次生演替最活躍的物種之一，特別是海岸前岸的休耕地，或原本林投、海岸林盤佔處，稜果榕蔚爲絕對優勢。

桑科榕屬（Ficus）植物的花與果，完全被包閉在一個多果肉的花托之內，這整個花托即俗稱的「無花果」，稜果榕指的是無花果的外圍呈現多稜條，故引之爲特徵來命名中名。而全球發現有榕屬植物8百多種，台灣約有34種（分類群；taxa），綠島擁有白榕、榕樹（包括厚葉榕等）、鵝鑾鼻蔓榕、山豬枷、對葉榕、越橘葉蔓榕、稜果榕、菲律

「稜果榕優勢社會」林下。（紫坪；2014.9.4）

賓榕、大果榕、假枇杷、黃果豬母乳、九丁榕、蔓榕、綠島榕、雀榕、幹花榕、島榕(白肉榕)等，至少17種或變種，物種歧異度(多樣性)甚高，這些無花果的生產，各物種輪流或搭配出現，有些物種一年內可以多次落葉、多次盛產無花果，例如雀榕等，另如榕樹，筆者於1991年定居於台中今址後，移植母親栽種的榕樹盆栽，置放於家門口左側，不出10年，該榕自行突破盆子，長成大樹。每逢無花果(榕果)成熟期，樹雀、白頭翁、紅頭鳩、綠繡眼，甚至台灣藍雀都聞香而來競食，而地面上落果無數。

2008年筆者登錄這株高約13公尺的大榕樹，該年的春、夏、秋季各有3次榕果盛產期，而終年不斷長出新葉並落葉。3月27日至4月4日的9天期間爲春季大落果期(最大量落果在3月28～30日的3天)；7月21～31日的10天，是夏季大落果；10月11～14日，只3天行秋季大落果(陳玉峯，2012，123-126頁)；不止於此，時而有異常。2010年2月10～20日，該榕樹掉落一些未成熟的無花果，而3月13～18日才是該年的春季熟果掉落期，3月15～17日爲落果鼎盛日，較之2009年的春落果提前13天。2010年的夏落熟果在7月1～20日(較2009年提前了20天)；秋落果發生在9月22日至10月3日，而集中在9月24～30日(較2009年提前半個月)。

稜果榕。(2014.9.4)

也就是約略可說，該株榕樹年度3大落果期是穩定相。

榕屬物種無花果之生產行爲，亦與傳粉的小黃峰（fig wasps）的共生演化（co-evolution）息息相關（詳見陳玉峯，2010，102、103頁；98-103頁）。全球熱帶雨林內，無花果樹終年生產無花果的行爲（包括各種接替，以及單種全年生產類型），提供許多鳥類、哺乳類動物，在年內有些時候，是唯一可食的「救命仙丹」。或說，無花果是熱帶雨林中，龐多動物生存與否的關鍵，不僅是主食，更可以「度小月」。因此，榕屬植物被生態學者冠上「關鍵物種（keystone species）」的美名，也就是說，榕屬植物是許多其他物種賴以續絕存亡，維生或賴以爲居的物種，如果欠缺榕屬植物，必將引發連鎖死亡或滅絕事件的發生。

而綠島的稜果榕或全台族群，是否全年不斷產生無花果（似乎如此），仍待系統持續觀察或調查；其與動物的複雜相關研究，似也未見深入的研究報告。然而，筆者確定，約自1980年以降，綠島農業衰退、大量耕地廢棄以降，次生演替迄今約30多年來，稜果榕擔任原生物種種源匱乏之下，替代諸多天演角色，蔚爲全綠島低地、海岸地區最最龐大的次生林，同時也是動物族群天然復育的關鍵物種，關係今後複雜變遷的重要角色。

由樣區調查結果顯示，大凡稜果榕已成林的地方，大致上同時存在於森林下的植物，首推大葉樹蘭、姑婆芋、海岸烏歛莓等，其次如爬森藤、雞屎藤等。此現象的生態意義或觀念甚爲重要：

其一，次生演替第一波次通常是草本、灌木入據，接著，進入灌木及爬藤、蔓藤繁多的階段，而蔓藤大抵是那兒有光、可攀附，即往那兒去，將大部分地域搭起綠蓋層，阻絕直接陽光，以致林地上甚陰暗。此陰暗現象，一來漸次撲殺第一、二波次的草本、灌木，或所謂先鋒物種及雜草，形成一段時程的汰選期，而只有耐陰的林下物種或森林期的物種種苗才能萌長，也就是說，藤蔓植物擔任演替成二期、三期森林的關鍵機制。蔓藤最興盛的時期，也就是二期森林（次生林）發展的時候，此時，稜果榕（可能在第一階段後段即已存在）、大葉樹蘭（二、三期或原始林階段的林下樹種）等開始竄長。

其二，後期森林或原始林內的林下普遍性物種，通常先出現在二期或次生林林下，待二、三期森林時期，再作漸進式的林下空間分配或分佈的調整。舉例說，目前綠島的海岸或耕地的次生稜果榕優勢社會林下，最典型的林下物種即姑婆芋、傅氏鳳尾蕨（以上草本）、大葉樹蘭（小喬木）等，姑婆芋及大葉樹蘭在該地進入三或後期森林的階段一樣存在，差別只是數量及空間分佈的變動。或說，演替過程中，後期森林的林下組成，預先出現於前期林下，或可戲稱「小鬼先上，主帥後出」；也可依民主觀點敘

蔓藤的歐蔓。(2014.11.8)

述：後期穩定成熟森林的主林木，其種苗、苗木，成長於其將來所凌駕的林下層組成行伍之間，或權貴出身庶民行列！

其三，次生林堀起之時，即蔓藤衰退之日。因爲次生樹種如稜果榕的體型長高之後，先期的蔓藤優勢不再，反被搶佔直曝陽光的地位，故而式微，除非又被砍伐或干擾，先期蔓藤才有機會再度興盛。又，後期森林中也具有蔓藤，但這些蔓藤多屬可耐陰，或至少在小苗時期，具備可耐陰一段長時期，例如數年，甚至十餘年，若這段時期始終得不到可倚附、伸竄的喬木及破空光斑，則或將夭折。這類後期蔓藤如風藤、長春藤、許多豆科的巨大蔓藤物種，它們在地上蔓爬時期，相較於上樹之後的快速生長階段，葉形頻常判若兩截然不同的物種。此面向的生態觀察及研究，台灣尚屬極度缺乏。

後期森林的蔓藤，大致上萌長於次生林中，以林投灌叢或稜果榕森林爲例，此次調查所見，即如三葉魚藤、蘭嶼荖藤等。

上述演替的若干現象，筆者在1970年代末葉、1980年代初葉，在恆春半島南仁山區(陳玉峯，1983)，乃至海岸地帶(陳玉峯，1985)即已發現或記載，2014年9月在綠島的調查結果，如出一轍。

稜果榕、林投與黃槿時而共配優勢並存，例如樣區50，或可稱爲：

7、林投／稜果榕／黃槿單位

純屬「稜果榕優勢社會」(次生林)的樣區，如52、74、98、101等。然而，樣區74位於海參坪北段落的聚落廢墟；樣區101位於南海岸大白沙的盡頭崩崖處；另外，未列入表6中的樣區36，位於第十三中隊北側，屬於林投、稜果榕次生林被破壞後(焚毀？)的再度演替，情況皆有所異於綠島一般稜果榕次生林。以下敘述之。

8、海參坪北段落施家廢墟的次生演替(樣區74)

爲瞭解樣區74的演替時程，筆者等，於2014年9月5日在富岡、台東之間，訪談該地原住者施勝文先生。施先生1959年生，據其宣稱，祖先墓碑最早年代當在清國乾隆年間(1736～1795年)，比最早移民綠島的記錄還早4、5年以上，尚待考據其眞實性。施家係於1980年搬離海參坪。因此，歷經34年次生演替爲樣區74。

樣區74即位於施家古茨之間，其中一堵屋牆上攀生一株白肉榕(島榕)。樣區調查面積10×20平方公尺，分3層結構。喬木層10～6公尺高，覆蓋度約95%，以稜果榕及花蓮鐵莧(Acalypha suirenbiensis)各據(3・3)而分庭抗禮，海岸烏斂莓(2・3)攀附在第一樹層

花蓮鐵莧。(海參坪上方：2014.9.3)

上，其次爲咬人狗（2・2），餘如菲律賓朴樹（Celtis philippensis）、對葉榕及毛柿各1株。

灌木層高6～2公尺，覆蓋度約80%，佔絕對優勢的小喬木即大葉樹蘭（4・3），蔓藤海岸烏斂莓（2・3）亦據優勢，餘如白肉榕（1・+）、菲律賓朴樹（1・+）、對葉榕（1・+）。

草本層2公尺以下，覆蓋度約僅15%，也就是說中、上層密閉，下層空曠。組成有姑婆芋（1・2）、大葉樹蘭苗木（1・2）、海岸烏斂莓（+・1）、爬森藤（+・1）。

此地，依施勝文居住21年的記憶，只有一次颱風來襲，狂暴浪潮打到今之殘壁上長白肉榕處，依筆者調查時印象，此地前有仙疊石保護，距離調查當時海平面約有2百公尺遠（未實際丈量），海拔又已挺高數公尺，想像極端狂暴浪濤委實恐怖。毫無疑問，施家先祖入墾此地之前，原爲海岸林的天下。

施勝文回憶：「海參坪地區，從睡美人（頸部旁）（南端）到小長城（北端）都是我家所屬田園的範圍（註：南北長度約6百公尺），靠海側以原先天然存在的林投防風，保留約5公尺寬的防風、防潮帶，內側則闢爲田園。農作如花生、甘藷、水稻等……

海岸烏斂莓。（2014.9.4）

……田園地旁，大約有2、3分地的毛柿，大塊石頭旁邊就長毛柿，大大小小的樹徑所在都有，自然生長、繁衍，大的有一人合抱左右……半山腰石壁上有大榕樹……我們砍七里香，樹頭有香味（註：可能是長果月橘）；還有銀合歡（註：人造林），我們砍來當柴燒……

我孩童時，撿毛柿果實吃。有一種仙桃樹（註：台東漆），會流出黑色乳汁，我們不敢摸它，父親說，他小時候屋後就有這種樹……

……家附近有種葉子大大的，亮亮的，那種樹很快就長大，又不容易死掉，那種樹，綠島很多地方都存在（註：施指出的這種樹是盾形葉，而血桐葉可以採來餵鹿吃，血桐莖幹有血紅汁液，皆非該樹特徵，經推敲後，筆者認定9成以上機率是蓮葉桐）……」

關於口訪及文本資料之追溯原始海岸林型，將另闢章節專論，在此只討論海參坪可能的原始海岸植被，以及現今次生林。

由於施氏對植物的認知及記憶有限，又只訪談一次，僅據此少量資訊，筆者依實地調查經驗推測如下：

對葉榕。（2014.6.24）

菲律賓朴樹。（海參坪上方；2014.9.3）

對葉榕。（2014.6.24）

海參坪海岸在林投衝風帶之後，原始海岸林應存有「蓮葉桐優勢社會」，但有無棋盤腳則不能確定；而在前岸地區當存有「毛柿－大葉山欖優勢社會」等。

筆者於1984年2～5月調查鵝鑾鼻公園植被（陳玉峯，1984；8-13頁），其優勢社會列有：水芫花－乾溝飄拂草；水芫花／草海桐；草海桐；林投；黃槿；榕樹／山豬枷／樹青／葛塔德木；毛柿－大葉山欖；白茅；狗牙根等9個優勢社會，就筆者38年調查台灣植被的經驗及報告，最最逼近綠島海參坪的植被類型及植物社會者，殆即鵝鑾鼻礁林公園，但後者並無蓮葉桐。

蘭嶼樹杞花。（2014.6.24）

施氏宣稱「大塊石頭旁有毛柿林」，或相當於鵝鑾鼻高位珊瑚礁塊之間的「毛柿－大葉山欖優勢社會」（陳玉峯，1984，12、13頁）；海參坪往內陸山坡海崖的榕樹等，或可比擬於「榕樹／山豬枷／樹青／

蘭嶼樹杞果實可食。（2014.9.3）

葛塔德木優勢社會」，但鵝鑾鼻公園欠缺台東漆。其他如水芫花、草海桐、林投、黃槿等，或亦大同小異。

關於毛柿的天然林，鵝鑾鼻公園出現的環境是處於巨大珊瑚礁岩塊之間，蔽風，陽光直射度受到「礁林」阻絕若干比例，有利於毛柿苗木的拓殖，因其爲相對耐陰的後期森林樹種。其存在的喬木或第一層樹冠高度在8公尺以下，優勢樹種爲毛柿及大葉山欖，伴生樹種依優勢度順序，大致爲皮孫木、茄冬、咬人狗、白榕等；第二層樹種如血桐、厚殼樹、恆春厚殼樹、火筒樹、台灣海桐、魯花樹、稜果榕、十子木、蘭嶼樹杞、紅柴、枯里珍、象牙樹、山枇杷、月橘、山柚、鐵色等等；草本層0.5公尺以下，組成如沿階草、裏白巴豆（東南亞石灰岩地林下指標物種）、風藤、海金沙、長葉腎蕨、姑婆芋、千金藤、三葉崖爬藤、卵葉鱗球花、小毛蕨、魚藤、傅氏鳳尾蕨、海岸擬茀蕨等等。

而海參坪的環境，由於從小長城以迄睡美人岩的海拔約50～124公尺的海崖，形成高聳的擋風大屏障，推測其下的海岸林樹高當可逾越12公尺以上。至於種組成或相同於鵝鑾鼻公園的半數以上物種，或以生態相當種（同屬的同種的變種或不同種）存在，例如月橘在綠島由長果月橘所代替，等等。

至於樣區74，乃該地經由約30餘年的次生演替而來，且干擾較低，其物種較之稜果榕優勢社會稍高，特殊之處在於花蓮鐵莧量多，且如菲律賓朴樹、對葉榕的存在，賦予綠島乃東南亞植物區系的延展的特性，殆由黑潮所帶來。然而，可能因爲2百多

長果月橘。（2014.9.3）

鐵色。

年的人爲破壞，原始海岸林種源匱乏，以致於尚未能建立海岸林。

此一樣區因爲目前尚未再調查他處之重複出現同一類型組合，故暫時置放在稜果榕優勢社會之下，否則似有「稜果榕／花蓮鐵莧／菲律賓朴樹單位」的可能性。

9、臨海崩崖的稜果榕優勢社會樣區101

樣區101位於綠島南海岸大白沙砂灘盡頭處，山稜岬角向海崩塌的亂石堆，以及崩積土堆聚其間，混合原生及次生社會爲特徵，但仍以稜果榕爲領導優勢，一樣可歸屬於其優勢社會。

其立地坡向正西。第一層樹高5.5公尺，覆蓋度約95%，絕對優勢稜果榕（4‧3），其次如海岸烏斂莓（3‧1）、山棕（2‧2）、漢氏山葡萄（2‧1）、大葉樹蘭（1‧1）、雞屎藤（1‧1）、山葛（1‧+），餘如榕樹、林投、爬森藤等，顯然地，此一樣區因反覆崩塌，稜果榕次生林斷續再遭受破壞，蔓藤物種反覆消長。

灌木層高約3～1公尺，因反覆崩塌，稜果榕（2‧2）與大葉樹蘭（2‧2）略佔優勢，其次如海岸烏斂莓（1‧1）、長果月橘（1‧1）、苦林盤（1‧1；位於臨海林緣）、五節芒（1‧+）、爬森藤（+‧1），餘如樹青（+）。

草本層約1公尺以下，稍多者如大葉樹蘭（1‧2）的苗木、姑婆芋（1‧2），數量爲（1‧1）者如漢氏山葡萄、傅氏鳳尾蕨、長葉腎蕨等；（+‧1）者有稜果榕小苗、雞屎藤，其餘（+）者，如蘭嶼荖藤、大星蕨、毛花山柑（稀有植物）、海岸擬茀蕨、雙花耳草、山豬枷等。

10、次生演替為稜果榕森林的前階段

樣區36位於「第十三中隊」北側，原先可能爲林投優勢社會。由於其位於小山稜靠內陸側（山稜朝向W340°N），或因火燒摧毀林投族群之後，正處於演替爲稜果榕的前期階段，內陸次生或外來入侵物種稍多。

10×10平方公尺的樣區，總覆蓋度100%，高度在1.5公尺以下。稜果榕（3‧3），馬鞍藤（3‧3）伏地，分別爲草本及小樹的優勢種；其次爲雙花蟛蜞菊（2‧3）、蘭嶼小鞘蕊花（2‧3）、酢醬草（1‧2）、早田爵床（1‧2）；再其次如亨利馬唐（1‧1）、姑婆芋（+‧1）；其餘（+）者如鵝鑾鼻景天、爬森藤、傅氏鳳尾蕨、菲律賓榕、鱧腸、野茼蒿、爪哇莎草、翼莖闊苞菊、雙花耳草、圓果雀稗等。

集合時空變異較大的亂度，而蘭嶼小鞘蕊花已知在綠島的分佈，在此地集結了最

花蓮鐵莧。（海參坪上方；2014.9.3）

早田爵床。(2014.6.23)

大族群。此外，在大白沙盡頭處出現一、二株；在海參坪的砂灘上，高麗芝優勢社會之中，存有數株只剩枯半段主莖的某物種，或可認定爲蘭嶼小鞘蕊花。台灣海岸地區包括離島，存有許多夏季枯死(耐不住酷熱)，而在東北季風帶來冷雨或潮霧的潤濕環境季節下，茂盛生長與開花結實。這群物種須要專論探討。然而，蘭嶼小鞘蕊花是否爲此類的典型，尚有疑義。筆者於2014年6月22～24日首勘綠島時，第十三中隊旁的大族群正値盛花；1984、1985年夏季，筆者於恆春半島東海岸亦見及少量該物種開花。而2014年11月，其進入二度盛花期。

11、欖仁優勢社會(暫擬)

表6中之樣區64，位於環島公路轉向柚仔湖柏油路面盡頭處的左側，一山頭下方銜接平原區的部位。

該樣區可視爲正由稜果榕優勢社會演替爲海岸林(第三期森林)的過程。

第一層約10～5公尺高，覆蓋度100%，有大覆蓋的欖仁(3·+)、大葉山欖(3·+)，以及稜果榕(3·+)共配優勢，伴生如蘭嶼樹杞(1·1；林緣可能係人為栽種者)；第二層5～1公尺，覆蓋度約80%，以長果月橘最佔優勢(3·2)，其次如稜果榕(2·2)、蘭嶼樹杞(2·2)、大葉樹蘭(1·2)、印度鞭藤(1·+)等，並無明顯干擾現象而完整；草本層1公尺以下，覆蓋度約20%，以姑婆芋(2·3)最爲顯著，其次，(1·1)者有大葉樹蘭、長果月橘、稜果榕等，餘如海岸烏歛莓（+・1）、傅氏鳳尾蕨（+・1）、林投（+）等。

以目前資訊，實無法下達此樣區爲「欖仁優勢社會」，或說，綠島的欖仁海岸林有可能以「欖仁／大葉山欖優勢社會」爲單位。然而，海岸線附近，原先可能存在欖仁純林。

12、蓮葉桐優勢社會

樣區63位於柚仔湖北端彎弓洞後方，乃2014年9月1～5日調查所見，唯一相對較完整的原生海岸林型。

樣區5×15平方公尺，第一層高約12～5公尺，存有約10株的蓮葉桐（5・5；純林）；第二層高約5～1公尺，以林投爲最大優勢（4・4），其次，蓮葉桐小樹（1・1），餘如銀合歡（+・1；過往人造林逸出者），（+）者有稜果榕、大葉樹蘭等；草本層1公尺以下，以林投（2・2）略佔優勢，其次，海岸烏歛莓（1・3）、三葉魚藤（1・1）、稜果榕（+・1）、爬森藤（+・1），其他如長果月橘、樹青、姑婆芋等。

由本樣區可以確定，原始時代綠島海岸擁有蓮葉桐的純林。

然而，所有迄今調查登錄的海岸林，都屬於不完整的林分，其物種多樣性盡屬偏低，未來有待更詳盡的調查。

印度鞭藤。（2014.9.3）

6-5、海崖、岩生植被

表7登錄了環綠島一周所調查，關於海崖、海岸岩塊或廣義「岩生植被」(陳玉峯，2006，516-546頁)，之於海岸地區，或至少受到海岸特定環境因子相當程度影響的植被樣區(主要是鹽霧及風力)，以及前後岸海崖頂，或其古老海蝕平台之上，在放牧或大量人為踐踏壓力之下，滯留於無法演替成林的低草草生地，而一般誤稱為「草原」的樣區資料。本小節先論述海崖或岩生植物社會分類。

1、海蝕洞穴植被

茲先例舉燕子洞略作說明。位於牛頭山之「左牛角」下右方，存有一巨大的海蝕洞，但今已隨地殼抬升，拔高離海數公尺。燕子洞固以棲居燕群為名，但過往曾由政治受難者編杜「栗子洞」的愛情故事而口傳一時。

燕子洞寬約30～40公尺(目測)，深可40～50公尺，入口附近另有巨岩半遮。1950年代政治受難者(被流放到綠島，勞改、洗腦，要邁向「政治正確性」而新生。普遍被稱之為「新

「鐵線蕨優勢社會」。(石洞隧道；2014.9.4)

生」）的政治課排演戲劇場所，因其寬敞、可蔽烈日風雨。「新生」們在洞穴最深處，以土石堆疊出長方型的矮平台，推測即在此台上排戲。

由洞口向內走，依序看見的植物有龍葵、白花草、傅氏鳳尾蕨（廣泛、量多）、葉形變小的姑婆芋、早田爵床或爵床（量稍多）、脈耳草、雷公根、升馬唐、茅毛珍珠菜、一枝香、全緣貫眾蕨，以及最內面、量多的鐵線蕨等。

顯然地，龍葵、升馬唐、一枝香等陸域雜草，可能是遊客走動所帶來者，真正洞穴內滲水濕壁的標準物種殆只鐵線蕨一種。

另如南海岸，公路穿越的石洞隧道，在岩隙滲漏淡水水滴或水濕處，岩壁上纍生著鐵線蕨族群，例如樣區112（未列表7之中）。

樣區112，面積2×4平方公尺內，覆蓋度約15%，開放型單種社會，可名之：「鐵線蕨優勢社會」。其限制因子即光線強度及水濕，兩者條件足夠時，靠藉孢子風傳的鐵線蕨才有機會成長。本社會及鐵線蕨是內陸而非海岸元素。

大白沙潮間帶兀立的火山岩塊，其上植物有脈耳草、鵝鑾鼻蔓榕、草海桐、水芫花、乾溝飄拂草等。（2014.9.4）

表7、海崖、岩生植被及放牧地的低草生地樣區資料

相對數量＼樣區 物種	99	4	108	110	111	60	109	49	31	41	21
水芫花	1・+	+									
脈耳草	1・2	+・1	2・3	1・3	+・1					+・1	
鵝鑾鼻蔓榕	1・1	2・3			+	+					
草海桐	1・+	1・+						+			
乾溝飄拂草	+・1	+	1・1	+・1			+	+・1			
刺芒野古草	+										
細葉假黃鵪菜		3・4		1・2	+・2		+	1・3	2・3		
印度鴨嘴草		2・3						3・4			
傅氏鳳尾蕨		1・2						+・1		1・2	
茅毛珍珠菜		+									
樹青		+			+	+・1		+・1			
文珠蘭		+						1・2			
山豬枷		2・3			1・2	1・2	5・5	2・3	4・4	1・2	
早田爵床		+							1・1		
台灣蘆竹			1・2	2・2	4・4	5・5	1・2	1・2			
細穗草			+								
榕樹（厚葉榕）				+	+・1	+		1・2	1・1	+・1	5・5
石板菜				+					+・1	+	
凹葉柃木					1・1						
菲律賓朴樹					+						
血桐					+						
臺灣海棗					+						
五節芒					2・3		1・1				
抱樹石葦					1・2				2・4		
蘭嶼樹杞					+						
白飯樹					+						
蘭嶼蘋婆					+						
桔梗蘭						+・1					
橄樹						1・2					
蘭嶼秋海棠							+				
麥門冬								2・4	+		
扭鞘香茅								+・1	1・2	1・2	
白花草								+・1	+	+・1	
南嶺蕘花								+・1			
蘭嶼水絲麻								+・1			
林投								1・2			

相對數量 樣區 物種	107	32	30	46	47	18	19	20
水芫花								
脈耳草	+・1					1・2		
鵝鑾鼻蔓榕	1・1	/1・1	+					
草海桐								
乾溝飄拂草								+
刺芒野古草								
細葉假黃鵪菜	+・1	/1・2						
印度鴨嘴草								
傅氏鳳尾蕨			+	//2・3	//+	+		
茅毛珍珠菜								+
樹青		2・2/2・2		3・3//	/+/			
文珠蘭								
山豬枷	1・+	1・+/4・4						
早田爵床						1・3	1・2	2・3
台灣蘆竹	3・3	/1・2						
細穗草						1・1	1・2	
榕樹（厚葉榕）	5・2	3・2/+	1・+		2・+//			
石板菜								
凹葉柃木								
菲律賓朴樹								
血桐								
臺灣海棗		/1・+	+					
五節芒	1・1	/1・1		/1・1/				
抱樹石葦				//1・1				
蘭嶼樹杞				2・2//				
白飯樹								
蘭嶼蘋婆								
桔梗蘭								
欖樹								
蘭嶼秋海棠								
麥門冬								
扭鞘香茅		/1・3						
白花草		/1・1				1・1		
南嶺堯花				//+				
蘭嶼水絲麻								
林投				/1・1/	//+			

相對數量 樣區 物種	84	86	82	67	10	37	42	43	40	66	39	44
水芫花												
脈耳草							+					
鵝鑾鼻蔓榕												
草海桐												
乾溝飄拂草									+	+・1		
刺芒野古草	+・1	3・4		1・3						+・1		
細葉假黃鵪菜												
印度鴨嘴草	2・3			2・3				1・1		1・2		
傅氏鳳尾蕨		1・1					1・2					
茅毛珍珠菜												
樹青												
文珠蘭												
山豬枷												
旱田爵床	+・1	+・1		+	+		1・2	2・3	+	1・2	+	
台灣蘆竹												
細穗草					3・4							
榕樹（厚葉榕）												
石板菜												
凹葉柃木												
菲律賓朴樹												
血桐												
臺灣海棗		1・3		+								
五節芒		1・2										
抱樹石葦												
蘭嶼樹杞												
白飯樹												
蘭嶼蘋婆												
桔梗蘭												
欖樹												
蘭嶼秋海棠												
麥門冬												
扭鞘香茅				4・4	4・5	5・5	5・5	5・5		2・3	+・1	
白花草						+	+					
南嶺蕘花						+・1	+					
蘭嶼水絲麻												
林投									+			

相對數量 樣區 物種	99	4	108	110	111	60	109	49	31	41	21
稜果榕								+			
蘭嶼鐵莧									2・3		
大星蕨									1・2		
牡蒿									2・3		
全緣貫眾蕨									+		
白木蘇花									+		
絨馬唐									+・1	+・1	1・3
綠島雙花草									1・2		
鐵砲百合									+		
耳葉鴨趾草									+		
雙花耳草										+・1	+
一枝香										+	
毛馬齒莧										+	
海金沙										+	
雀梅藤										+	
雷公根										+	
台灣耳草										+	
蘄艾											1・3
琉球鈴木草											1・2
紅花黃細辛											+
龍爪茅											+
銀合歡											
雙花蟛蜞菊											
葛塔德木											
臭娘子											
落尾麻											
雞屎藤											
高麗芝											
長柄菊											
白花藿香薊											
鐵色											
黃槿											
白榕											
大葉樹蘭											
江某											
白肉榕(島榕)											

相對數量 樣區 物種	107	32	30	46	47	18	19	20
稜果榕					1・1／／			
蘭嶼鐵莧	1・+							
大星蕨								
牡蒿		／+・1						
全緣貫眾蕨								
白木蘇花		／+・1						
絨馬唐						2・3	3・4	3・3
綠島雙花草		／1・2	4・4					
鐵砲百合								
耳葉鴨趾草						+・1	+・1	
雙花耳草		／+・1	+・1			+・1	+・1	1・2
一枝香								
毛馬齒莧						+・1	+・1	+・1
海金沙				／／+				
雀梅藤								
雷公根						+・1		
台灣耳草								
蘄艾						1・2	+	+
琉球鈴木草						1・1	1・1	1・3
紅花黃細辛							2・3	
龍爪茅						+・1	+	+
銀合歡	1・1							
雙花蟛蜞菊	+	／+・1						
葛塔德木		3・2／1・1						
臭娘子		1・1／						
落尾麻		1・+／1・1						
雞屎藤		／+						
高麗芝		／+・2						
長柄菊			+					
白花藿香薊			+					
鐵色				3・3／／1・2	／1・2／1・3			
黃槿				2・2／／				
白榕				3・1／／	5・1／／			
大葉樹蘭				3・1／+・1／1・2	／1・3／2・4			
江某				1・1／／	1・1／／+			
白肉榕(島榕)				1・1／／+	2・+／／			

相對數量 樣區 物種	84	86	82	67	10	37	42	43	40	66	39	44
稜果榕												
蘭嶼鐵莧												
大星蕨												
牡蒿						1・2						
全緣貫衆蕨												
白木蘇花												
絨馬唐	4・5		1・2				1・2	1・1	2・3			
綠島雙花草												
鐵砲百合												
耳葉鴨趾草												
雙花耳草					+・1	+・1						
一枝香							+			+	+・1	
毛馬齒莧						+						
海金沙		+					+・1					
雀梅藤				+・2								
雷公根		+・1		+・1			+	+				
台灣耳草		+・1										
蘄艾												
琉球鈴木草												
紅花黃細辛			+									
龍爪茅												
銀合歡												
雙花蟛蜞菊												
葛塔德木												
臭娘子												
落尾麻												
雞屎藤												
高麗芝	3・4	2・4	+	1・3			2・4					+
長柄菊												
白花藿香薊												
鐵色												
黃槿												
白榕												
大葉樹蘭												
江某												
白肉榕（島榕）												

相對數量 樣區 物種	99	4	108	110	111	60	109	49	31	41	21
蘭嶼土沉香											
草野氏冬青											
蘭嶼烏斂莓											
菲律賓火筒樹											
長果月橘											
毛柿											
對葉榕											
山棕											
山柚											
水黃皮											
月桃											
爬森藤											
姑婆芋											
檄樹											
平柄菝											
淡竹葉											
印度鞭藤											
赤楠											
熱帶鱗蓋蕨											
南洋山蘇花											
青脆枝											
蘭嶼風藤											
馬鞍藤											
天蓬草舅											
苦林盤											
黃花酢醬草											
海雀稗											
鱧腸											
美洲假蓬											
海馬齒											
大花咸豐草											
苦蘵											
鴨舌癀											
牛筋草											
芻蕾草											

相對數量 \ 樣區 物種	107	32	30	46	47	18	19	20
蘭嶼土沉香				1・+//+				
草野氏冬青				1・1//+・1	/+/			
蘭嶼烏歛莓				1・1//1・3	/+/			
菲律賓火筒樹				+//				
長果月橘				/3・3/	/4・3/+・1			
毛柿				/+/				
對葉榕				/+・1/	1・+/+/			
山棕				/1・+/	/2・2/			
山柚				/+・1/1・2				
水黃皮				/+/				
月桃				/+/				
爬森藤				/+/+				
姑婆芋				//2・3	//2・4			
欖樹				//+				
平柄菝				//1・2	//+			
淡竹葉				//1・1				
印度鞭藤				//+				
赤楠				//+・2				
熱帶鱗蓋蕨				//+				
南洋山蘇花				//+				
青脆枝					/+・1/			
蘭嶼風藤					/+/			
馬鞍藤						2・2	4・4	5・5
天蓬草舅						1・1	1・1	2・3
苦林盤						+		
黃花酢醬草						+		
海雀稗						+		
鱧腸						+		
美洲假蓬						+・1	1・3	
海馬齒							2・3	
大花咸豐草							+・1	
苦藤							+	
鴨舌癀							+・2	
牛筋草							+	
芻蕾草								+・1

相對數量 樣區 物種	84	86	82	67	10	37	42	43	40	66	39	44
蘭嶼土沉香												
草野氏冬青												
蘭嶼烏斂莓												
菲律賓火筒樹												
長果月橘												
毛柿												
對葉榕												
山棕												
山柚												
水黃皮												
月桃												
爬森藤												
姑婆芋												
欖樹												
平柄菝												
淡竹葉												
印度鞭藤												
赤楠												
熱帶鱗蓋蕨												
南洋山蘇花												
青脆枝												
蘭嶼風藤												
馬鞍藤						2・3						
天蓬草舅					+	+・1						
苦林盤												
黃花酢醬草											+・1	
海雀稗												
鱧腸												1・1
美洲假蓬												
海馬齒												
大花咸豐草					+							
苦蘵								+				
鴨舌癀			5・5									
牛筋草												+
芻蕾草												

相對數量 樣區 / 物種	99	4	108	110	111	60	109	49	31	41	21
圓果雀稗											
卵形飄拂草											
圓葉土丁桂											
肯氏畫眉草											
小馬唐											
黃金狗尾草											
兩耳草											
紫背草											
滿福木											
木防已											
白茅											
小葉黃鱔藤											
恆春金午時花											
三點金草											
竹節草											
三葉木藍											
濱大戟											
蠅翼草											
兔耳草											
南國小薊											
蘭嶼小鞘蕊花											
魚臭木											
金午時花											
鼠尾粟											
鍊莢豆											
藍蝶猿尾木											
假儉草											
雀稗											
舖地黍											
紅乳草											
泥花草											
越橘葉蔓榕											
蓮子草											
狗牙根											

相對數量 樣區 / 物種	107	32	30	46	47	18	19	20
圓果雀稗								
卵形飄拂草								
圓葉土丁桂								
肯氏畫眉草								
小馬唐								
黃金狗尾草								
兩耳草								
紫背草								
滿福木								
木防已								
白茅								
小葉黃鱔藤								
恆春金午時花								
三點金草								
竹節草								
三葉木藍								
濱大戟								
蠅翼草								
兔耳草								
南國小薊								
蘭嶼小鞘蕊花								
魚臭木								
金午時花								
鼠尾粟								
鍊莢豆								
藍蝶猿尾木								
假儉草								
雀稗								
舖地黍								
紅乳草								
泥花草								
越橘葉蔓榕								
蓮子草								
狗牙根								

相對數量　樣區 物種	84	86	82	67	10	37	42	43	40	66	39	44
圓果雀稗	1・2								+・1			
卵形飄拂草	+・1	3・5	+	2・4			+	+・1	+	2・2		
圓葉土丁桂	1・1	+・1		+・2						+・1		
肯氏畫眉草	+・1											
小馬唐	+		+						+		+・1	
黃金狗尾草		2・3		1・3						+・1		
兩耳草		+・1							+・2			
紫背草		+・1					+・1			+・1		
滿福木		2・1		+・1								
木防巳		+・1		+			+	+・1				
白茅		+・1							+		5・5	
小葉黃鱔藤		+										
恆春金午時花		+										
三點金草				+・1		+	+		1・2	+		
竹節草				+					5・5	4・4	1・3	
三葉木藍					1・1							
濱大戟					1・+							
蠅翼草					+							
兔耳草					+							
南國小薊						+						
蘭嶼小鞘蕊花						+・1						
魚臭木						+						
金午時花						+					+・1	
鼠尾粟									+			
鍊莢豆									1・2		+・1	
藍蝶猿尾木									+		+	
假儉草									+・2			
雀稗											2・3	
舖地黍											1・2	
紅乳草										+	+・1	
泥花草												4・4
越橘葉蔓榕										+		
蓮子草												1・1
狗牙根												+

2、臨海高位或兀立礁岩、火山岩頸上的植物

先舉南海岸大白沙區盡頭處，一塊兀立於海蝕珊瑚礁岩台上的火山安山岩爲例，該火山岩塊處於潮間帶範圍，調查時（2014.9.4；中午）該岩塊距海平面約40公尺，該地海岸坡向爲W280°N。依據距海情況，自無維管束植物存在的道理，但因岩塊挺高離地約4公尺，避開日雙潮的直接沖擊，以因子補償效應，挺高相當於向內陸後退，因而岩塊上長有植物。

鵝鑾鼻蔓榕的隱頭花序。

樣區99即此岩塊的物種登錄，其橢圓球面約2×4平方公尺內，存有脈耳草（1・2）、鵝鑾鼻蔓榕（1・1）、草海桐（1・+）、水芫花（1・+）、乾溝飄拂草（+・1）、刺芒野古草（+）等。

理論上，離地高度與風力大小的關係是平方正比，也就是說，離地面4公

仙疊石大火山頸岩上植物如山豬枷、厚葉石斑木、蘭嶼樹杞、日本衛矛、抱樹石葦、樹青等。（2014.9.3）

尺的風力，是1公尺高處的16倍大，故而岩塊頂端植物難以生存，多存在於頂下避風處。上述物種混合了漸進礁岩的後灘前帶元素：水芫花、脈耳草、乾溝飄拂草等，加上後灘中帶元素：草海桐，以及前岸海崖物種：鵝鑾鼻蔓榕、刺芒野古草等。

換句話說，空間的海拔或高度，以及距離海平面的長度，各種環境因子複雜互補、抵銷的作用，亦可反映在物種組成的變化與鑲嵌、過渡的現象之上。是以明辨每一物種的生態幅度、生態區位(niche)等，是分類社會的關鍵之一。

又，例如海參坪北端的仙疊石等，位於海中，雖是陸連小島，但因拔離海平面一、二十公尺，故而高大岩塊上，存有山豬枷、厚葉石斑木、蘭嶼樹杞、日本衛矛、抱樹石葦、樹青等物種，顯然混合了後岸海岸灌叢、岩生植被及內

蘭嶼樹杞果實可食。(2014.9.3)

日本衛茅。(2014.6.24)

環島公路11k下方的石塊上，植物如榕樹、山豬枷、抱樹石葦、台灣蘆竹、琉球鈴木草等。（2014.9.3）

陸植物（抱樹石葦）等。

又，環島公路11K涼亭下方（公路下方）的大石塊，位於小體型至高大體型的水芫花後方，其上植物如榕樹、山豬枷、抱樹石葦、台灣蘆竹、琉球鈴木草等，背風附生，大抵屬於海岸的岩生植被元素，也就是包括前、後岸的抗風、耐旱物種，而不見得是海邊植物的元素。

綜上，簡略界定海崖植物。

「海邊植物」係指族群分佈中心位於海岸線以下的海灘，或狹限於後灘者爲典型；生育地以岩塊隙縫爲主的植物叫「岩生植物」，岩生植物包括珊瑚礁岩（漸進式）、高位珊瑚礁岩、火山岩塊、一般或其他岩塊上的物種，可再區分各種指標物種，例如水芫花是低位珊瑚岩，又是典型的海邊植物；海崖植物則指海岸線上下地區，高位岩塊、岩壁上的海邊植物，物種甚有限，典型者例如山豬枷、厚葉榕、蘄艾等等，而不見於內陸地區者。而脈耳草則縱跨低位珊瑚礁及高位海崖的物種。

「厚葉榕優勢社會」。（馬蹄橋：2014.9.4）

3、海崖植物社會的敘述

上述樣區99位於臨海4公尺高，岩塊的開放性植被，若依優勢度或覆蓋度，較難稱之為何種「優勢社會」，但它可被視為漸進式珊瑚礁岩（礁岩波蝕台）的「脈耳草單位」，之往高位岩生環境的空間變異，更且，如樣區108，位於馬蹄橋附近公路旁，海拔10公尺以上的海崖，勉強已可稱之為海崖初生演替第一波次的「脈耳草優勢社會」，而其受到內陸岩生社會的「台灣蘆竹優勢社會」入侵中。

如果岩塊風化程度較嚴重，或說裂解度較高，類似巨大的砂礫，則略偏向砂礫地物種的細葉假黃鵪菜族群，或可與脈耳草並列初生演替相抗衡的物種，且因為石礫加多，內陸淺土型的岩生台灣蘆竹更易著床，例如樣區110（同在馬蹄橋附近的海崖），也就是說，朝向「台灣蘆竹優勢社會」演替，而初生與次生演替難以分辨。

而當海崖地形鑲嵌細碎崩積岩礫，或說不同風化程度的岩塊匯集，但仍位於臨海區域，例如位於綠島燈塔下方，坡向N20°E的樣區4，低草體型的細葉假黃鵪菜（3．4）雖佔據較大的覆蓋度，但典型的海崖物種山豬枷（2．3），及鵝鑾鼻蔓榕（2．3），以灌木的優勢，已漸次蔚為較

山豬枷。

牡蒿基葉。（2014.9.2）

牡蒿。（公館人權紀念碑；2014.9.2）

葛塔德木。

典型的臨海海崖植物社會，或邁向低位海崖的地文盛相「山豬枷優勢社會」，或其下的小單位。

因此，樣區4或全島局部小區塊多碎石的海崖上，偶見「細葉假黃鵪菜優勢社會或單位」；而面海海崖較穩定的岩塊區，隨時間演替爲中位的最典型植群，即「山豬枷優勢社會」，例如樣區109（馬蹄橋附近），或人權紀念園區附近，公路內側的向海海崖樣區31，但樣區31因包括海崖下的平地區一小部分，故而存有牡蒿族群。

而中位海崖近頂部部位，例如綠洲山莊的前方，象鼻岩（鬼門關）的主體岩塊近頂部的樣區32，其南向背風坡面或頂下區，因爲過往屬於政治敏感地帶，植被未被破壞或累聚較長時程的演替，目前可見較具原生相的海崖灌叢，可惜其他地區筆者尙未調查到同樣的植群，在此暫以「榕樹／葛塔德木／樹青（山欖）／山豬枷單位」稱之。就全台海岸而言，此單位之相近者，即東台海岸及恆春半島東海岸等海岸灌叢，之以葛塔德木、樹青、榕樹爲指標的海崖植群。

此頂下或稍緩坡的海崖，因坡向、微地形效應及機率等緣由，榕樹以鳥類排遺的傳播，適時適地而得以發展出以其爲主優勢的海崖單位，即「榕樹優勢社會」，例如樣區21（公館鼻頂下）及樣區107（馬蹄橋頭附近海崖），但此一綠島社會的榕樹是「厚葉榕」，或即榕樹的生態型（ecotype），體型低矮，舖蓋海崖。

另一方面，「山豬枷優勢社會」朝內陸及海拔升高而遞減，乃至消失。其中，一部分即因榕樹優勢社會的興起，取代掉山豬枷；或海岸灌叢隨著海崖風化及灌叢興起，阻絕山豬枷的受光率，導致山豬枷的式微，但在裸岩狀況下，山豬枷亦隨海拔升高而消失，例如樣區41，但於牛頭山頂的「牛角」，即兀立巨大的岩頸，其地海拔約50餘公尺，屬於海崖頂的山錐小島型，雖是岩生立地，但海鹽霧的影響已屬強弩之末，但風力強大而已。此一開放型樣區雖有岩生指標的山豬枷、厚葉榕、石板菜、白花草、雀梅藤、蘄艾等少量存在，但其他物種已受到海崖頂放牧低草地物種的影響。

又，雖空間位於臨海地區，但屬海崖的背海面向，或鹽霧影響有限，或薄土層累積部位漸擴大的地方，山豬枷發展亦受囿限，改朝向內陸型的「台灣蘆竹優勢社會」發展，或者，海崖灌叢受到摧毀，地表土流失，次生演替爲台灣蘆竹、五節芒等社會。樣區60，即位於柚仔湖北端的彎弓洞的上方，背海的海崖頂下。

「台灣蘆竹優勢社會」是全台灣內陸低海拔峽谷，岩生植被的前期垂懸草本社會，綠島的高位海崖頂下亦可見及，除了上述樣區60之外，另如南海岸石洞隧道東南出口附近，高大的海崖頂下樣區111，以及零散塊斑分佈於海崖或頂下區。

此外，在山豬枷優勢社會及榕樹優勢社會的範圍內，若海崖壁呈現階梯狀，或足以累積薄土層的部位，偶可見小塊斑草本社會或單位，例如「印度鴨嘴草單位」（樣區49，位於楠仔湖中高位海崖），或「綠島雙花草單位」（樣區30，位於觀音岩，即一般叫做將軍岩的下部位背海處），前者在台灣本島東海岸算是常見，足以稱爲「印度鴨嘴草優勢社會」；後者限於綠島偶而出現的小群聚。

以上，殆即綠島的海崖植物社會。而上述未記錄者，但先前已簡略提及的海崖社會即「台灣海棗優勢社會」，它是綠島高位海崖較緩坡，且是相對陽旱地的景觀指標，例如往綠島垃圾掩埋場道路上方，一大片景觀顯著的該單位；又如前述，往睡美人岩海崖頂的北側，存有密集一片「台灣海棗密灌叢（優勢社會）」，其頂下海崖，以及南側海崖頂，則有開放型該社會。

若坡度更平緩些，例如坡度小於60度，已無「海岸懸崖（海崖）」的資格，而屬於前、後岸的山坡地，則存在的植群已非海崖植被，而是海岸前、後岸的灌叢或森林，

「台灣海棗優勢社會」。(睡美人岩腿部海崖頂：2014.9.3)

例如殆已消失的「凹葉柃木優勢社會」、「山柚灌叢」等。

4、綠島海崖植物社會摘要

① 鐵線蕨優勢社會：洞穴潮濕岩壁，非海崖社會；小型社會。

② 脈耳草優勢社會：低位礁岩向上延展，先鋒低草型海崖小型社會。

③ 細葉假黃鵪菜社會：風化型海崖小單位，初生演替前期。

④ 山豬枷優勢社會：綠島低位海崖最典型的開放型社會。

⑤ 厚葉榕優勢社會：相對密閉型社會；海崖演替的中期單位。

⑥ 台灣蘆竹優勢社會：內陸型岩生植群之一。

⑦ 台灣海棗優勢社會：略緩坡度、陽旱的海崖開放型灌木社會；原始時代必定遠比現今廣佈、普遍。

⑧ 榕樹／葛塔德木／樹青／山豬枷單位：相對原始的海崖頂或海岸灌叢或小喬木林。

⑨ 凹葉柃木優勢社會：並未調查或見及；後岸單位？

⑩ 山柚單位：未調查並或見及；後岸單位？

⑪ 偶見小單位：印度鴨嘴草優勢社會；綠島雙花草單位。

5、高位珊瑚礁植物社會

海拔約55公尺的綠島傳統宗教聖地，高位或隆起珊瑚礁「觀音洞」上方，由於宗教信仰緣故，自然林木較少受到人爲破壞，但面積有限。

由於立地以珊瑚礁岩爲母體，且其爲海崖頂的森林，並非海崖植群，而是後岸岩生植被。

樣區46，位於觀音洞上方，暫名「樹青／鐵色／白榕單位」，其爲破碎林分，調查面積20×20平方公尺。第一層高8～3公尺，覆蓋度約85%，約以樹青及鐵色分庭抗禮，白榕及大葉樹蘭也無遑多讓。而白榕是「儲君」，可能發展爲最後該林相的領導優勢；大葉樹蘭則是綠島海岸次生林後期以降，各類森林的林下代表物種，分別屬於上、下層，而有待演進與分化，加上林冠破裂、第二層出露，以及次生、蔓藤量多，

「樹青／鐵色／白榕單位」。（觀音洞：2014.9.2）

顯示本樣區係受到不斷干擾與反覆塊斑狀演替中。

而其略佔優勢度的蘭嶼樹杞，至少外圍者，顯然是人爲種植，黃槿亦具相當份量。其他伴生樹種如草野氏冬青、蘭嶼土沉香、菲律賓火筒樹、白肉榕、江某等，蔓藤的蘭嶼烏斂莓在第一層及林下多所存在，標示干擾與破空的一再發生。

樹青、鐵色、黃槿、蘭嶼土沉香、蘭嶼樹杞、水黃皮等，殆爲海岸林之前緣的海岸線小喬木，或前岸物種，卻也在觀音洞高位珊瑚礁上繁盛，反映綠島承受劇烈的海潮鹽霧長年侵襲，將海岸的環境特徵向內陸延展，因此，至少後岸或海崖頂以降，皆屬於廣義的海岸地區。

第二層1.5～3公尺高，以長果月橘爲最大優勢，其他如山柚、山棕、大葉樹蘭爲天然林下組成；次生干擾物種則有五節芒、林投、月桃、對葉榕、爬森藤、水黃皮等。而有株毛柿的存在，暗示原始時代不無毛柿林存在的可能，如同墾丁公園高位珊瑚礁之間，石質土的另類熱帶雨林。

白榕。（觀音洞：2014.9.2）

觀音洞上方的高位珊瑚礁植被，是綠島保存略佳的原生植群破碎林分。（2014.11.8）

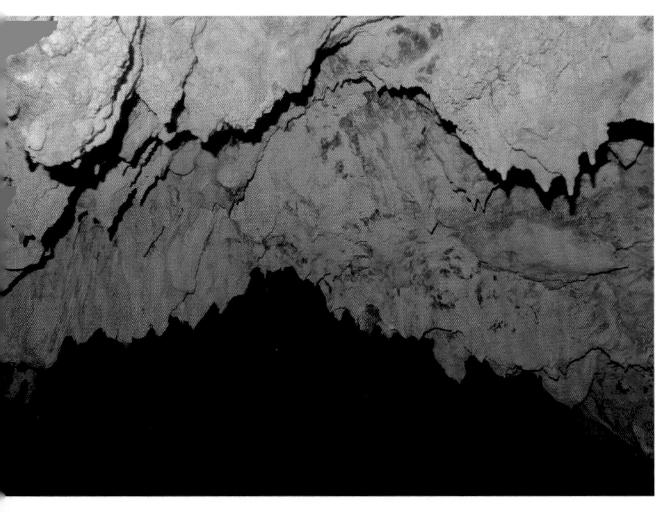

樹青花。

草本層約1.5公尺以下，以姑婆芋及傅氏鳳尾蕨佔優勢且最具林下代表性，其次如蘭嶼烏斂莓、山柚、大葉樹蘭、平柄菝契、鐵色、草野氏冬青、印度鞭藤、淡竹葉、海金沙、檄樹、抱樹石葦、南嶺蕘花、南洋山蘇花、熱帶鱗蓋蕨等，而大量喬、灌木層種苗的存在指示，干擾多爲點狀、局部發生，而非全面破壞，故而塊斑次生演替可直接由喬灌木層苗木展開，而不必再經由草本社會的途徑。

依據筆者長年經驗見解，海崖頂邊緣的東北季風或暴風受力強勁，除了鹽霧、鹽度較低之外，殆與從海平面無遮無攔海風直灌下的海岸線以降如出一轍，也就是說，海崖頂可視同空間位移的「二度海岸線」，植被則雷同於海岸小喬木林至局部海岸林，之後，再過渡到陸域的山地雨林。

而高位珊瑚礁的地文盛相森林，可以樣區47爲代表，亦即：「白榕優勢社會」。該樣區正是觀音溝上游的集水區凹陷區的高位礁岩立地，樣區中凹的水池、水流隱入地下成爲伏流，再朝東北下出，形成「觀音瀑布」，提供過往楠仔湖舊部落農業、居家等用水。

本社會結構三層次。第一層樹冠高約12公尺，覆蓋度約達完全，以白榕樹冠佔盡全林冠（5・1），伴生有榕樹（2・+）、白肉榕（2・+）、稜果榕（1・1）、江某（1・1）等。這4種榕屬樹種全是靠藉鳥類及其他動物爲傳播的主機制，在此珊瑚礁岩上散佈其種源，再依其氣生根等「爬岩高手」的競爭策略，取得脫穎而出的勝算。其中，白榕在長成樹體之後，更以氣生根轉成支柱根，縱橫拓展勢力範圍，是台灣低地、海岸最爲顯著的「約翰走路」（酒名），亦即自己撐起支架、拐杖，從而「縱橫天下」，猶如匍匐地面的走莖，在立體空間營造森林結構，搭建「白榕優勢社會」；江某則是台灣亞熱帶雨林重要的伴生樹種，屬於內陸森林內的元素，在白榕等「庇蔭下」發展。

長果月橘。（觀音洞；2014.9.2）

草野氏冬青。（觀音洞；2014.9.2）

灌木層高約5～2公尺，覆蓋度約50%，以長果月橘（4・3）佔絕對優勢，說明白榕林冠之下，光線的分佈均勻；其次爲山棕（2・2）、大葉樹蘭（1・3）、鐵色（1・2），餘如樹青、青脆枝、對葉榕、草野氏冬青等，數量皆爲單株（+），藤蔓有蘭嶼烏斂莓、蘭嶼風藤等。

草本層在2公尺以下，可能較陰暗，覆蓋度只約30%，以大葉樹蘭的苗木（2・4）、姑婆芋（2・4）、鐵色的苗木（1・3）等，較佔優勢；（+・1）者有青脆枝、長果月橘；其餘（+）者如林投、江某、傅氏鳳尾蕨等。

本社會是高位珊瑚礁的地文盛相之一，但無法說是完全的「終極群落」（climax），畢竟立地與植群是一演替的。白榕終其天年之後，有可能發展爲毛柿等森林，也可能倒回海岸灌叢類型或稜果榕森林，因爲其林下，目前並無終極群落的苗木存在。

綠島風藤。（2014.11.8）

綠島風藤果實。（2014.11.9）

蘭嶼烏斂梅。（觀音洞；2014.9.2）

上兩片葉為綠島風藤；下兩片葉是食用的荖藤。（2014.11.8）

6-6、海崖頂平台等之放牧、踐踏壓力下的低草草生地植物社會

全台灣、綠島，在氣候條件下，通常不會存在匍匐貼地的低草草生地，必須靠藉特定外加的環境壓力，剪除始終不斷長出的高草、灌林、喬木的樹苗，也就是羊群等食草動物、人爲踐踏、特定旱季或高溫、立地其他因子如強風等，聯合壓制演替的發生，以致於長期停滯於依通俗或訛用的稱呼「草原」。依筆者看法，低草生地的最重=要三因素即：放牧、風力，以及人爲（包括踐踏、火燒等）。

推測，目前的草地，其原始時代殆爲：林投風成社會、海岸灌叢、局部海岸林或熱帶雨林（局部）等。

有趣的是，如同筆者先前強調的，海崖頂可視同「二度的海岸線」，從而例如帆船鼻岬頂的平台上（樣區83）、睡美人岩的「胸尖」（樣區65）等，正是臨海植物帶，礁岩間砂灘地的「高麗芝優勢社會」（表4）的再現，委實宛似「乾坤大挪移」，差別的是伴生植物群已改爲衝風草種。

換句話說，各物種有其先天潛在（potential）的生態幅度（ecological amplitude），加上其他物種交互競爭的情況下，環境壓力外在諸因子可以交互補償、抵銷或加成地作用。高麗芝以貼地體型，避開羊嘴啃食，且風力難以對其產生高壓，這兩項外在壓力又幫它清除足以阻遮陽光的其他植物，它的種子或種源又可隨風力、動物傳播，而直上海崖頂，故而越位適存。一旦放牧壓力解除，其他植物不出三個月即可消滅它的優勢社會。

上述是礁岩積砂的高麗芝社會。另個例子即砂灘蔓性植物的馬鞍藤，亦可適位「高攀」海崖頂，而逕成「馬鞍藤優勢社會」，例如公館鼻臨海（或海中）小山頭的山頂樣區19，但事實上，若摒除越位的馬鞍藤，公館鼻頂在羊群啃食下的草地，應是「絨馬唐優勢社會」，但並非典型的代表，而是中

睡美人海崖頂的低草生地。（2014.9.3）

間型的過渡帶，也就是說，公館鼻在環境及其植物社會，正好是介於海崖頂平台草生地，以及海岸砂灘地之間。我們從物種組成及環境（空間分佈等）之間，恰可找出相對應之處，因爲絨馬唐的族群分佈本身，正是海崖平台及低位平台同時存在的伴生種，並非海崖頂平台放牧壓力下眞正的植物社會。

眞正典型放牧壓力下的草生地，有兩類社會：「竹節草優勢社會」，代表高度放牧被啃食的低草生地，以及輕度放牧的「扭鞘香茅優勢社會」，其餘，大抵是中間型、混合型、過渡型或偶發的小單位。

1、馬鞍藤優勢社會（絨馬唐）

公館鼻是北海岸的陸連小島，有海崖，山腳有崩積地。崩積地下方（西側）毗鄰砂地，山頂則存有狹窄起伏的平台，海拔約爲牛頭山的一半，因此，所有條件皆具備，但皆屬於過渡類型。

樣區18是背海的半海崖（坡向S220°W；坡度80～85°，但多呈海崖階段狀分段地，其中有羊群或人走出的半明顯路徑），馬鞍藤上下皆有地上走莖攀連。5×10平方公尺範圍內的覆蓋度約35%。

馬鞍藤（2・2）與絨馬唐（2・3）的覆蓋度相當；早田爵床（1・3）次之；其次，（1・2）者有鯽艾、脈耳草；（1・1）者如白花草、天蓬草舅、細穗草、琉球鈴木草等；（+・1）者如龍爪茅、耳葉鴨趾草、毛馬齒莧、雙花耳草、雷公根、美洲假蓬等；其餘（+）者有苦林盤、傅氏鳳尾蕨、黃花酢醬草、海雀稗、鱧腸等。

此等組成，混合了海崖型、砂灘型、次生雜草型、內陸型、海濱型等，勉強歸於「絨馬唐／馬鞍藤單位」。

樣區20位於公館鼻崩積下坡段，坡向W275°N，約45°坡，5×10平方公尺內覆蓋度約90%，有羊群啃食痕跡。

佔絕對優勢的馬鞍藤（5・5）當由毗連的砂灘拓殖而來；其次爲絨馬唐（3・3）、早田爵床（2・3）、天蓬草舅（2・3）；再者如琉球鈴木草（1・3）、雙花耳草（1・2）；餘如（+・1）者有蒭蕾草、毛馬齒莧；（+）者如鯽艾、龍爪茅、茅毛珍珠菜、乾溝飄拂草等。本樣區是本社會的代表。

樣區19位於公館鼻山頂窄隘的起伏平台。以3×10平方公尺而言，馬鞍藤（4・4）較爲優勢，而絨馬唐（3・4）相伯仲；其次如紅花黃細辛（2・3）、海馬齒（2・3）、美洲假蓬（1・3）；再者，（1・2）者有早田爵床、細穗草、鴨舌癀等；（1・1）者有天蓬草舅、琉球鈴木草；(+・1)者有大花咸豐草、毛馬齒莧、雙花耳草、耳葉鴨趾草；餘為(+)者如蘄艾、苦藏、龍爪茅、牛筋草等。

以上3個樣區，由山腳崩積地、海崖型，到山頂平台，正是由砂灘上溯海崖頂放牧低草生地的系列過渡。

毛馬齒莧。(2014.9.3)

圓葉土丁桂。

2、絨馬唐優勢社會或單位

絨馬唐族群的體型，在綠島所謂的「草原」上，大約比高麗芝略高，而遠比扭鞘香茅低矮，但本身並非眞正匍匐地表的物種。它的生態幅度跨越海崖及放牧草生地。而得以最大優勢，形成社會單位的例子，例如帆船鼻海崖頂平台的樣區84，調查面積5×5平方公尺。

樣區84位於帆船鼻平台北向緩坡或平台上，外觀固然是貼地低草，而絨馬唐以(4・5)最佔優勢度，但高麗芝(3・4)也無遑多讓；其次為印度鴨嘴草(2・3)；再次之為圓果雀稗(1・2)、圓葉土丁柱(1・1)；(+・1)者有早田爵床、刺芒野古草、卵形飄拂草、肯氏鯽魚草；其餘如小馬唐等。

如果將絨馬唐視為伴生種，而非普遍性領導優勢種，也可依事實接受。本單位但為中間形單位。

3、刺芒野古草/卵形飄拂草單位

本單位也是中間型或逢機不穩定的草地。刺芒野古草在臺灣低海拔山區，可以形成崩塌乾旱地的小面積優勢社會，但在綠島並非優勢，可能是羊群啃食之所致；卵形飄拂草則是綠島海崖頂平台普遍的伴生種或指標種，但似乎不足以形成領導優勢的角色。

樣區86座落於帆船鼻海崖頂平台上，10×10平方公尺範圍內，以卵形飄拂草

放牧的山羊。（帆船鼻：2014.9.3）

睡美人海崖頂草生地上的灌木滿福木。（2014.9.3）

(3・5)及刺芒野古草(3・4)相互拉鋸，推測是後者迭遭羊隻啃食，以致低矮貼地的卵形飄拂草可以突顯而出。而高麗芝(2・4)、黃金狗尾草(2・3)亦略佔優勢度。本樣區已有灌木的滿福木(2・1)、臺灣海棗(1・3)存在。

4、鴨舌癀優勢社會

羊群啃噬及人為踐踏壓力下，海崖平台相對、常態雨水稍可匯聚處，鴨舌癀偶而可藉無性繁殖，擴大成為單種優勢的本單位，例如帆船鼻崖頂先端略中凹處的樣區82。

以2×2平方公尺範圍內，貼地的鴨舌癀(5・5)如同地氈盤據，其餘少量伴生者如絨馬唐(1・2)及(+)者

鴨舌癀。(帆船鼻；2014.9.3)

帆船鼻海崖頂的「鴨舌癀優勢社會」。(2014.9.3)

有：高麗芝、紅花黃細辛、卵形飄拂草等。此乃小社會單位。

5、泥花草優勢社會

在海崖頂低草生地之中，因特定因素如地盤下陷等，形成凹陷積水地，再經雨水沖蝕，常形成圓凹平盤的相對濕地，但若時程稍長，例如一個月未曾下雨，則形成乾涸裸紅土地。在濕地期，泥花草可形成暫時型優勢的小社會。

樣區44位於牛頭山大平台之上，略凹陷的裸地。調查時呈乾涸。

以3×3平方公尺範圍內，泥花草（4・4）佔絕對優勢；伴生有蓮子草（1・1）、鱧腸（1・1）等內陸或水濕地雜草；其餘（+）者只有高麗芝、狗牙根、牛筋草。

泥花草。（牛頭山：2014.9.2）

牛頭山海崖頂的山羊群。（2014.9.2）

牛頭山海崖頂入口處不遠的「白茅優勢社會」。(2014.9.2)

6、白茅優勢社會

東南亞等熱帶地區，頻繁人爲火燒放牧地普遍存在的中等體型草生地即本單位。

牛頭山草生地入口處不遠，有人爲砌成的長方形水泥圈地上，樣區39即本單位。以3×10平方公尺範圍內，高度約0.5公尺的白茅(5・5)佔據絕對優勢，或即地下根莖所形成。其餘伴生物種見於表7所列。

7、扭鞘香茅優勢社會

本社會可視爲綠島海崖平台中度放牧及東北季風作用下，山坡地類型的中至低草體型的代表性社會。樣區10、37、42、43及67屬之。這些樣區除了10位於中寮港海拔約10公尺的砂丘平台之外，樣區37座落在第十三中隊北側小山頂下；樣區42位於牛頭山最高坡；樣區43即牛頭山「左牛角」附近的南向坡；樣區67座落在睡美人岩「胸尖」下方的緩坡地。所謂的「坡地」，其坡度在15～50度之間，分別爲15(樣區67)、20(樣區37及43)及50(樣區42)。

這5個代表樣區，扭鞘香茅的草稈高度約在15～50公分之間，或反映羊群啃食程度並非嚴重。5個樣區的扭鞘香茅皆佔據絕對優勢。其各自伴生物種如表7所列。

8、竹節草優勢社會

竹節草（Chrysopogonaciculatus）是熱帶亞洲廣佈的伏地低草，只以花序稈高聳抽出，利用風力及動物傳播（種子帶芒刺，易沾上人畜而利於傳播），其葉部通常離地不及5公分高，故甚耐踐踏及動物啃食（愈貼地愈不易被食草動物吃食）；全台灣低海拔地區放牧地最具代表性的植物社會。

樣區40位於牛頭山海崖平台；樣區66則在睡美人岩的「胸尖」頂下。

兩樣區代表綠島強度放牧及踐踏下的低草社會，以竹節草爲領導優勢種。

所有綠島放牧草地共通種，或出現樣區最高頻度（表7中，樣區18至39的14個樣區中，出現於12個樣區，86%）的伴生物種即旱田爵床，它也是濱海砂灘的常見伴生種，乃「二度海岸線」的典型植物。

而海崖頂或高位平台的指標伴生種即卵形飄拂草。

9、綠島海崖頂平台在放牧等壓力下，所謂「草原」的社會單位摘要

① 高麗芝優勢社會：「二度海岸線」單位。

「扭鞘香茅優勢社會」。
（中寮：2014.9.1）

牛頭山的「竹節草優勢社會」。（2014.9.5）

② 馬鞍藤優勢社會：中位海崖頂或過渡型社會，可略之而歸於例外。

③ 絨馬唐優勢社會：中間型低草生地單位。

④ 刺芒野古草/卵形飄拂草單位：中間型或偶發存在者。

⑤ 鴨舌癀優勢社會：小型相對潮濕的小單位。

⑥ 泥花草優勢社會：暫時性水濕凹地小單位。

⑦ 白茅優勢社會：人爲放火的放牧草生地社會。

⑧ 扭鞘香茅優勢社會：典型放牧地的中草社會。

⑨ 竹節草優勢社會：典型放牧地的低草社會。

海崖頂由於強烈風力作用、放牧及踐踏壓力，低草生地至林投灌叢的形相，形同海岸風切面現象，筆者列舉為「第二海岸線」的因子補償效應之一。（牛頭山；2014.9.2）

6-7、綠島海岸植物社會總摘要

1、外灘海水生植物帶

① 泰來藻優勢社會，代表性者。

2、環島低位珊瑚礁植物帶

② 安旱草優勢社會。

③ 水芫花優勢社會，代表性者。

④ 高麗芝／水芫花異質鑲嵌優勢社會。

⑤ 脈耳草單位（含中位海崖者）。

3、砂（礫）灘植物帶

⑥ 高麗芝優勢社會（含二度海岸線的海崖頂）。

⑦ 蒭蕾草優勢社會。

⑧ 海埔姜／馬鞍藤／天蓬草舅優勢社會，代表本植物帶，其下可再細分爲6個小單位。

4、海岸灌叢及小喬木植物帶

⑨ 林投優勢社會（含二度海岸線的海崖頂等），其下可再細分爲2個小單位。

⑩ 黃槿優勢社會，其下可再分出1個小單位。

⑪ 稜果榕優勢社會，典型海岸次生林，可再分出2個或以上的其下單位或過渡帶。

5、海岸林植物帶

⑫ 欖仁優勢社會。

⑬ 蓮葉桐優勢社會。

6、海崖或岩生植被

⑭ 鐵線蕨優勢社會。

⑮ 細葉假黃鶴菜優勢社會（少見），低位。

⑯ 山豬枷優勢社會，典型低位海崖社會。

⑰ 厚葉榕優勢社會，中、高位海崖社會。

⑱ 臺灣海棗優勢社會，略緩坡、海崖頂或頂下社會。

⑲ 榕樹／葛塔德木／樹青／山豬枷單位，相對較原始或自然的海崖頂、頂下社會。

⑳ 台灣蘆竹優勢社會，內陸性。

7、高位珊瑚礁植被

㉑ 樹青／鐵色／白榕單位，或前、後岸海岸灌叢或小喬木林。

㉒ 白榕優勢社會。

8、海崖頂平台放牧低草生地

㉓ 絨馬唐單位，過渡或中間型。

㉔ 刺芒野古草/卵形飄拂草；鴨舌癀；泥花草等小單位。

㉕ 白茅優勢社會，火燒放牧型中草社會。

㉖ 扭鞘香茅優勢社會，代表性中度放牧的中草社會。

㉗ 竹節草優勢社會，代表性高度放牧或踐踏的低草社會。

以上，殆爲綠島的海岸植物社會分類大要，至於偶發性或小單位如舖地黍、海雀稗、五節芒、草海桐等，文中已敘述，略之，無傷大雅。

7

原生海岸植物(被)追溯

本章節所謂原生海岸植物(被)的追溯，並非指18世紀或之前的原始海岸植被，僅指依據此次植被調查、口訪，以及如林登榮、鄭漢文、林正男(2008)等圖書或報告資訊，加以整理而依筆者專業經驗研判後，提出大約日治時代或之前的海岸植被概況。雖然如此，以海岸植被恆停滯於演替初階，以迄簡化型熱帶雨林的海岸林地文盛相，故而與原始植被或相去不遠。

以下分項敘述之：

環島公路16K附近即蓮葉桐海岸林被毀處，現今可可椰子的高度推測即原始海岸林的林冠所在。(2014.11.8)

1、龜灣與蓮葉桐海岸林

由於綠島全島位居黑潮中分地位，環島一周只要地形許可，全島海岸皆可形成海岸林自不待言。然而，現今的原始海岸林近乎蕩然不存，而據有限的實際資料，可以確定龜灣在未拓墾或開發之前，應存有大長帶的「蓮葉桐優勢社會」。

姚麗吉校長（2014.9.5）敘述，蓮葉洞只存在綠島的東海岸及南海岸，他在國小的遠足（1960年代中、後葉）經過龜灣時，都會在成排的蓮葉桐樹下休息。之所以印象深刻，乃因漫長海岸路段，只那段落存有林蔭。

此等經驗是許多綠島現今壯、老年人的共同記憶。

林登榮（2011；61頁）敘述，中寮、南寮的耆老回憶，在環島公路（註：1975年全線通車）未鋪設之前，位於綠島西南的龜灣，係由海崖陡峭的崩積坡與海灘接壤，其沿岸盡是砂灘，每年都有大批海龜上岸產卵，因而地名叫做龜灣。可惜的是，環島公路開路以降，地貌、地形改變，砂灘消失，海龜不再上岸產卵。

其檢附2張由林保彰提供的龜灣1961年的舊照片，即學童遠足經過龜灣路，以及砂灘後的海岸灌叢與蓮葉桐的一撮枝葉。

從龜灣鼻到大白沙的段落，或公路14～16.5K的海岸地區（註：本文劃訂龜灣鼻至帆船鼻為綠島的南海岸，黑潮直接流衝綠島的部位），筆者認爲有可能即棋盤腳、蓮葉桐等海岸林的原本分佈地段。而龜灣鼻到石洞隧道附近的海岸及海域，綠島人皆名之爲「龜灣」。由

蓮葉桐果。

蓮葉桐花。

於此陸、海域的東北方，直接以高聳的海崖面海，且背後具有火燒山、阿眉山等綠島最高山稜庇護，阻絕了每年強勁的東北季風，殆爲全綠島海岸最爲蔽風的部位，提供冬季的主要漁場等。

林登榮（2011；69頁）口訪公館陳姓耆老指稱：其先祖在入墾綠島之前，經常自小琉球前來，住在大白沙捕捉海龜，運回台灣販賣。姚麗吉（1960年生）小時候，時而來到大白沙（環島公路14K下方）挖龜卵，「……拿回去以鹽巴醃漬，要吃時拿出來煮，但綠蠵龜卵很腥，難吃，卻是早期蛋白質的來源之一，至少是食物多樣性來源之一……」（2014.9.4；口訪）；早年不只吃龜卵，也吃龜肉。原本住在海參坪北端的施勝文（1959年生）回憶（2014.9.5；口訪）：「小時候海龜也是我們主要食物之一，懂得烹調方法的人煮起來不會有臭腥味，就像處理羊肉一樣。早些年代，我們得好幾年才會宰殺一頭豬，而且我們只是近海魚夫，以潛泳方式捕魚，因而海龜也成主食之一，只是討吃啊！大人們5、6人結伴抓海龜，一隻200多斤，大家分來吃……」

綠蠵龜等，似乎挑選並無顯著高大的珊瑚礁群圍繞的沙灘地登陸產卵，且沙灘得夠寬大，向內陸延展的幅度也得夠長，故如龜灣、大白沙或局部海參坪地段等，過往可見龜群上岸，1975年以降，龜群多已他移。

然而，蓮葉桐的海漂、登陸不同於海龜。其有直接被黑潮撲打上岸，或多由洋流表面遇岸形成回流，再經一波波海浪拍推上岸者，無論礁岩或沙灘皆可逢機而定著。而季風、颱風等極端型外力也是主因之一，但視果實成熟期與特定風向等條件，而有甚多變數。

今人確定曾經或現仍存在的蓮葉桐海岸林殆有三地。其一，即柚仔湖彎弓洞後方的純林（見前述）；其二，爲大湖近尾湖的溝邊純林；其三，被農耕及公路開拓砍伐的龜灣蓮葉桐近純林。然而，施勝文（2014.9.5；口訪）認爲他的老家海參坪北端亦曾存有蓮葉桐，「那種大葉子的樹，許多海岸皆有，它很快就長大，又不大容易死掉……」；林登榮、鄭漢文、林正男（2008；42、45、137頁）敘述，綠島人的祖先以蓮葉桐的木質鬆軟，且樹幹材質相近的「梧桐」（goo tong）來命其俗名。林登榮等五人（2005；32、45頁）有類似而更簡略的欠缺內容的敘述。

依據筆者調查經驗，例如恆春半島香蕉灣的海岸林（陳玉峯，1985；181頁），棋盤腳是海岸第一道大喬木，蓮葉桐則是第二道或朝向內陸發展的海岸林木，其生態區位（niche）有所區別。究竟是否因爲蓮葉桐的果實較小而輕，海漂登陸後有機會被吹動或滾動向內陸，尙待驗證。然而，龜灣的蓮葉桐顯然可以是海岸小喬木帶或稍向內陸的第一道

棋盤腳落花。

棋盤腳夜間開花。

棋盤腳果實。

棋盤腳海岸林木。

海岸林木。

2014年11月8日下午，在姚麗吉校長引領下，到環島公路16K附近，綠島小孩遠足休息處的蓮葉桐海岸林故址進行樣區調查。該地朝向正南，大約僅剩10株的蓮葉桐，盡是被鋸斷後再長枝葉的殘樹。

以20×20平方公尺範圍內而論，第一層即人工種植的可可椰子(3・3)，樹高約12公尺，覆蓋度約40%，附生有荖藤(1・1)。可可椰子的胸徑在30～40公分之間；第二層高約8～5公尺，覆蓋度約70%，以次生小喬木的稜果榕(4・4)爲領導優勢種，其次即蓮葉桐(2・2)的殘木，餘如血桐(1・1)、山葛(2・2)、漢氏山葡萄(1・1)；第三層高約5～1公尺，覆蓋度約45%，以高大的姑婆芋(3・3)佔優勢，對葉榕(2・2)次之，餘如山葛(2・1)、稜果榕(1・2)、大葉樹蘭(1・2)等；草本層約1公尺以下，覆蓋度約50%，以姑婆芋(3・3)佔優勢，餘如海岸烏斂莓(1・2)、苦蘵(1・2)、爬森藤(1・1)，數

公路16K附近，被砍除的蓮葉桐再生側芽。(2014.11.8)

水黃皮未成熟豆莢。

瓊崖海棠。

量（+‧1）者有苳藤、歐蔓、三角葉西番蓮、大萼旋花、咬人狗、木瓜、血桐、大葉樹蘭，數量（+）者如雙花蟛蜞菊、文珠蘭等。

這片海岸林先是被伐除後，種植花生、甘藷等作物，公路開通後，復種植可可椰子。荒廢後，形成稜果榕的次生林。

此海岸林原址在公路向海的段落，小喬木見有水黃皮、黃槿、血桐、瓊崖海棠等，灌木如水絲麻、銀合歡、草海桐、青苧麻等，其他物種如雙花蟛蜞菊、文珠蘭、姑婆芋、芒草、海金沙、海岸烏歛莓、大白花鬼針等。

據上推測，綠島在未被開發之前，海岸蓮葉桐的分佈應散佈全島，而在南海岸爲最大面積的純林分佈，東海岸則存有局部純林，如柚仔湖、海參坪、大湖或尾湖溝等地。至於西海岸、北海岸，至少亦當存有伴生於其他海岸林型之中的植株，否則從北海岸開始拓殖的華人聚落，難以發展出以之爲生活炊具的慣習。又，南寮位居西海岸凹陷處，亦有小地名「梧桐內」，直接標明華人入據初期，即在蓮葉桐海岸林裏面或後方建立聚落或民居，是由地名佐證的例子。

至於海岸林物種歧異度或多樣性，以及豐富度等，目前甚爲偏低；原始狀態下，海岸林的植物社會應有多類型，而且，其向海、向陸兩側的海岸小喬木林或灌叢社會，以及向陸溪溝的岩生或低地熱帶雨林社會亦必富饒多樣。

2、楠仔湖與菲島福木

吾人登上牛頭山海拔約50～80公尺的海蝕大平台，所謂的「草原」，事實上乃一、二百年來拓墾、農耕、火燒、放牧，以及自然營力（東北季風等）作用下的暫時性植被景觀。這等低草景緻，恰好彰顯其地體，也就是大約3萬5千年前的海蝕平台，漸次抬舉爲今之牛頭山，其狹長型平台的東南邊緣，正是楠仔湖的海崖頂。

由牛頭山（原地名為「草山埔尾」；林登榮，2011；23頁）東南懸崖頂，可俯瞰、眺望楠仔湖地區。楠仔湖的海岸線近乎成南北一條直線，長度超過6百公尺；海岸線向西、向內陸凹進一個半徑約270公尺的大半圓。這個半月形的半圓周，就是海拔約5、60公尺的大海崖，包括中間部位的觀音洞。

從觀音洞牌樓前方公路小橋旁，或公路6K附近，有條不明顯東向下海崖的小徑，可下走至楠仔湖地區。也就是說，3萬5千年來，此海崖因板塊擠壓的絕對上升量（相對於海進海退的氣候變遷的動態相對出海量而言），粗估不及120公尺，而今實質海拔但50～80公尺之間而已，且此等半圓周狀的海崖，在3萬多年來的崩積地形，即吾人走下海邊的小徑之所在，形成陡峭不一但大抵漸進的緩坡地及至於海。

綠島先民即在此等緩降崩積坡的下坡段及海岸之間，伐除海岸林及低地熱帶雨林，做爲聚落及農耕的根據地。

由牛頭山東側俯瞰楠仔湖半圓形海崖下的次生植被。(2014.11.9)

「湖」字在閩南語的地名使用，常指盆地地形，例如大湖、內湖，也就是周緣高，裡面低平的地形之謂；「澳」則指灣式海岸上，一水深入，三面繞山處，或說澳即「小灣」（洪敏麟，1980；1984再版：11、79、80頁），台灣地名中，常以「灣」字稱呼三面繞高，一方開口的低平地。比較開寬的山麓谷口聚落，多用「灣」爲名。

然而綠島人在先祖移住綠島後，以「化外多不用文字」慣習，可能對如楠仔湖、柚仔湖等海崖並海灣地形，口稱之爲「澳」，但並非台灣的慣習。李思根（1974；50頁）認爲綠島的「湖」，原係閩南語「澳」之訛變，意指海岸帶較明顯的灣澳，當然並非存在實體的「湖」。而「楠仔湖」歷來皆被指稱爲盛產楠子樹（即菲島福木，Garcinia subelliptica，與瓊崖海棠 Calophyllum inophyllum 同科）；楠仔湖、柚仔湖「二地背負馬蹄狀陡崖，面向大海，狀如大湖，故得名」。

以筆者對常民文化的理解及瞭解，泉州人不食清國粟，跨海奔向化外地，或多「不立文字」的節義之流，對所謂湖、澳、灣等，通常不大可能在文字上作文章，僅就口語慣用或借意傳遞而已。半個臉盆狀地形稱「湖」、「澳」音，似乎不會有上述的究字義的「多此一舉」。凡此用字的斟酌，是後人或外來者的拼字及解釋罷了。若詢問綠島老輩人，多以不知回答。

筆者由牛頭山東崖頂俯瞰及現地踏勘楠仔湖2次，對其近乎平直的海岸線頗感特色。推理如下。

楠仔湖周邊半圓或馬蹄型海崖，可能是海底火山爆發的岩漿流所形成，再經海進時期的海蝕形成平坦面，且在3萬多年來，地體抬升所造就，而所謂楠仔湖，一來由海崖及海蝕平台崩落及沖蝕下來的土石堆積，二來由於海灣本來即可聚砂，但此地地當黑潮洋流快速北流，堆聚者，是較大徑的砂而非小徑沙，兩者共構立地基質（substratum）。而靠海區域，由於黑潮朝北流刮，足以堆積者，或爲顆粒較大且重的岩塊等，再經長年生長造礁珊瑚，形成礁岩於其上，後經地體抬升後，接受東北季風及浪潮拍打、磨損，以致於此地的漸進式珊瑚礁岩出奇地平滑，欠缺一般地區礁岩的上下凹凸銳尖，筆者在2014年9月2日的調查紀錄：狀甚乾旱的礁岩被蝕磨得奇平，這帶礁岩區寬度距海約5、60公尺，其後接以無植物存在的長帶砂灘，寬度約20公尺，再平緩上升接連至第一植物帶的，甚低矮的「海埔姜優勢社會」，然後，直接跳接小喬木體型的「林投灌叢或優勢社會」，接著，原本應爲海岸林的地域，被闢爲農耕地及聚落，且此等開墾區經由2、30年荒廢之後，次生演替爲大面積的「稜果榕優勢社會」及其混生的「黃槿—稜果榕單位」、「林投—稜果榕單位」等。而在此中，見有菲島福

菲島福木。

木，可能是人爲種植者，另有欖仁及外來種的木麻黃。

於是，在這片縱深1、2百公尺，寬可4～6百公尺的平坦或平緩的海岸低地上，其原始林狀態，絕非僅止於海岸林，則其海岸林社會爲何？有多少類型？低地熱帶雨林的優勢社會爲何？曾經存有多少或何等類型？菲島福木的生態地位爲何？有無純林或優勢社會曾經存在？

畢竟筆者在綠島調查的時間太有限，並未踏勘全域，甚至未曾在楠仔湖做全面性普查，因爲即令經由1、2百年的墾植，原始物種表象上蕩然不存，仍然存有種種機率上的孑遺，尚可探索若干曾經的遺跡、種苗等；也因爲自然生界，總會在偶然或時空間隙留下些微生機（人文上是謂「上蒼有好生之德」、「奇蹟」），可資作爲演繹的依據。因此，現今只能進行經驗的歸納，聊勝於無的推測，至少，筆者無法容忍歷來文抄公的一句「楠仔湖多楠木」。

以下簡述筆者的依據及推測：

（1）菲島福木並非海岸林元素，即令或可伴生於海岸林中，但它應被歸類爲內陸低地熱帶雨林樹種，甚或只是二期森林元素。

（2）菲島福木或爲不耐蔭中喬木，其生態地位應列位於海岸林後段及之後，爲海崖崩積地或溪谷平坦地域的樹種。綠島殆無純林，或僅局部優勢，但其存在地應遍佈全島海岸地帶，凡存有縱深足夠的平緩堆聚土石地。

毛柿花。

毛柿果。

（3）楠仔湖地區有背海縱深長達約2百公尺的腹地，因而菲島福木的族群、植株量多，加上其地開發較晚，綠島華人先祖在熟悉該樹種木材的優良，是建築板材的好材料（林登榮、鄭漢文、林正男，2008，65、135頁）之後，乃將之販賣回福建、台灣，推測最早的伐採跡地，當在公館等北海岸、西海岸地域。

依據公館、中寮、南寮都有小地名的「楠仔腳」可知，只要是海灣凹陷腹地，都足以讓菲島福木生存。

有可能全綠島的菲島福木式微之後，只剩下東北角因交通不便，保留尚多植株，或在地聚落加以種植，從而得其地名也未可知。

（4）楠仔湖、柚仔湖、南寮、中寮、大湖、紫坪、大白沙、龜灣等等，凡海岸內凹成灣，且非直接以海崖臨海的地區，筆者認爲可能存有海岸林的「欖仁優勢社會」、「蓮葉桐優勢社會」、「蓮葉桐／棋盤腳優勢社會」等，以及「棋盤腳優勢社會」。

（5）綠島海岸地帶在多崩岩塊堆聚處，乃至溪谷地的岩生植被，必以「白榕優勢社會」最爲顯著。

（6）楠仔湖海岸林之前，林投帶及其向內陸地域，或存在諸多小喬木的社會，例如黃槿、欖樹、白水木等單位，或混生單位；海岸林的後方，凡多崩積岩塊中，夾雜崩積土處，可能發展出「毛柿／大葉山欖／台東漆優勢社會」，或毛柿逕自成純林，而台東漆也可能存有小群落。

大葉山欖。

而海參坪的「毛柿優勢社會」，即屬於海岸林後方的原始林，已見前述。

3、公館鼻、牛頭山、睡美人、帆船鼻等等，之與林投、台灣海棗，以及其他灌叢、小喬木

口訪得知，1950年代之前，公館鼻小丘瘦稜頂原本存有林投灌叢(2014.11.7，姚麗吉；11.8，蔡居福)，但至少超過半個世紀以來，始終維持在低草次生草地的植被。而綜觀綠島今之海拔約50公尺上下的衝風海崖頂，大抵多少都有林投灌叢的存在，無論其是否人為種植，其能長期適存，有其特定的生態意義。

由過往筆者調查全台海岸的經驗，特別是恆春半島東海岸，筆者認為，其與東北季風相關，且名之為「風成社會」(陳玉峯，1985；44頁；見前述)，大抵由於強勁年週期季風，迫令林投之外的物種難以成活，導致林投一族獨秀，形成其密閉灌叢，而得以與之相間生者，但台灣海棗等少數植物。

綠島的公館鼻，殆為林投風成社會近乎最小面積的極限。筆者認定海拔約50～80公尺之間的台地(海蝕平台)或其緩地，例如牛頭山、睡美人、哈巴狗岩、帆船鼻等東海岸，以及若干北海岸的海崖頂，甚至全海岸零星衝風地，還有，海濱隆起火山岩頸頂稜而面積大或等於公館鼻瘦平台等地，殆即前述所謂「二度海岸線」的海崖頂部位，原始時代很可能存有面積大小不等的林投灌叢(優勢社會)或「林投／台灣海棗優勢社會」，且其為最具代表性、最大面積的植群，而今淪為放牧、不定期火燒跡地的低草生地，且被訛稱為「草原」。

林投植株拓殖後，不斷進行無性繁殖或類似白榕物種的不定根支撐而擴大，交錯盤虬；其更新或與火燒有關，也留下閩南人的植物物語「火燒林投—未死心」(林登榮、鄭漢文、林正男，2008；137頁)，綠島人認為，「只有林投最能擋住海水、海風的侵襲，雖然是絕佳的永久性綠籬，不過，因為林投的根系很粗，容易妨礙耕種，甚至扯壞犁具，所以，林投都種在迎風面的一邊……」正彰顯林投的生態特性，而引述的「海水」，即隨風力帶上陸域的鹽霧；其所稱「根系」，包括不定根系及地土中的根系。由於林投盛行於全島海岸，不僅八卦蟹嗜食林投果，人們生活中也頻頻利用林投，包括竹竿端綁林投葉，深入海中來回掃動，驅趕魚群入網(同書；68頁)；嫩莖葉作豬飼料；嫩芽可以煮食；樹幹作為豬圈或鹿寮的樑柱；取小段支柱根，一端捶打成油漆刷；各類童玩素材；曬物架等等功能性利用(同書；217頁)。

然而，林投的限制因子在於立地基質，它並非海崖植物，其根系必須植入沙丘、石質土中，且土壤的厚度亦限制其能否拓展族群的範圍。因此，無論上述海崖平台或濱海砂礫地，設若土砂層太淺，乃至岩生立地處，則由海崖物種取代之；反之，即令石質土堆聚處，林投的限制因子改由體型及受光率而定，林投不克耐蔭，只要其他物種遮蔽其上，則林投式微，改由前、後岸的海岸灌叢、小喬木林為植群。此等海岸灌叢、小喬木林，即「地文盛相」，也就是在立地所有條件限制下，植群所能發展的極限，包括前述海崖植物社會的11個單位等，以及高位珊瑚礁的植物社會，但許多單位乃次生而出且停滯演替，若以原始植群而論，理論上應以海岸灌叢為主。

依據口訪、林登榮等三人（2008），以及筆者生態經驗判釋，相對重要但已式微或消失的物種，臚列、舉例如下：

（1）琉球黃楊：綠島俗名「石柳」，早期華人自綠島伐採，海運福建、台灣販賣的優良木材。其乃海崖及內陸稜線上的陽性灌木，以其密集枝葉、短小精悍的叢生體型，適應強風旱地，而生長極為緩慢，故材質堅韌細緻，推測原始時代，如公館近海火山頸岩、公館鼻、牛頭山海崖、第13中隊北方小山頭、東海岸海崖及岩壁上，舉凡脫離暴風浪潮襲擊處以上，皆可見及，偶應可見小群聚。以伐採故，今式微而列位稀有物種。

蔡居福回憶，火燒山裸岩山稜上數量很多，甚耐旱。

（2）象牙木：綠島俗名「烏棪仔（oo iam a）」，是一種前、後岸橫跨石質土、珊瑚

象牙木果實。（2014.6.23）

象牙木小喬木。（2014.6.24）

礁岩、山坡的陽旱地小喬木。伴生於海岸灌叢、海岸林中，似乎沒有逕自形成社會的案例，但爲逢機散生型，其傳播應與鳥類、野生動物有關。

殆自例如觀音洞海崖頂以降，以迄珊瑚礁後帶、海岸灌叢地，所在多有。以木材貴重，以及盆景植栽故，野生者多已被挖除殆盡。

人跡罕至之地，例如南海岸馬蹄橋南側的龍蝦洞上方海崖陡坡上，在一片芒草（八丈芒）、台灣蘆竹叢的陡坡，左側一株象牙木，右側一株山欖（樹青），大致透露象牙木的生態地位即前、後岸海崖陡坡，乃至海岸線上下的散生小喬木。

蔡居福認爲整個綠島的峭壁、山溝壁，到處存在。綠島人當柴火燒。

（3）蘭嶼裸實（Maytenus emarginata）；過往綠島海岸、海崖陡坡、岩壁隙，以及多少必然存有崩積岩塊或珊瑚礁岩之較高位者，散生有伏貼狀灌木的蘭嶼裸實。它的姊妹種即恆春半島海岸衝風高位珊瑚礁上的刺裸實，形成盤纏匍匐礁岩上的有刺灌叢或優勢社會。兩者均會視環境因子不等的壓力程度而調整體型。

蘭嶼裸實可能隨黑潮或候鳥遷徙，由蘭嶼引渡、拓殖至綠島的海岸上。其在海岸，應屬全陽光照的不耐蔭初生或次生演替灌木，生長速率視環境狀況，由極緩至中等。綠島的族群以人爲伐採爲薪柴、開發或不經意地剷除，乃至放牧壓力，今呈稀有或滅絕消失中。野外所見，如大白沙尾端的崩落岩塊上，極少見。

原始時代，推估量亦不多，屬於逢機存在者。

（4）蘭嶼樹杞：如今全綠島種植甚多的本種，原始時代推估其存在亦廣泛，自海崖頂以降，乃至海岸林中，均可依中等數量而存在。其在海崖頂、崖壁堆聚石質土處的植株，矮化爲灌木體型；其在海岸林中，可長至約10公尺高的中喬木。

先前記載，1960年代，柚仔湖區存有許多蘭嶼樹杞，果實是綠島小孩的零食，俗稱「山豬肉」或「樹籽仔」。現今在柚仔湖柏油（水泥）路盡頭旁，除了人工種植的行道樹之外，其在欖仁優勢社會或海岸林中，蔚爲第二層喬木，或伴生於第一層次（見前述）。

又，其在海參坪的仙疊石火山頸岩塊上，或一般海崖壁，皆零星散見。

推測其乃鳥類及野生動物食材之一，因而靠藉動物四處傳播，應運茁生。其在原始時代，殆自後岸山稜，以迄前岸海岸林中，皆普遍伴生。

（5）葛塔德木：筆者在全台灣海岸的調查經驗，確定其爲東台的海崖樹種，局部地區可形成小面積優勢社會，從宜蘭、花東、恆春半島，乃至西部山地低海拔岩生環境均可見及。其在綠島見於海崖上，堆聚石質土部位，量少，例如公館象鼻岩之上的「榕樹／葛塔德木／樹青／山豬枷單位」。推測原始時代，全島海崖陡坡零散分佈。

（6）朝鮮紫珠（Callicarpa japonica luxurians）：韓、日、琉球、龜山島、基隆嶼、彭加嶼、綠島及蘭嶼等東北亞島嶼型的紫珠屬物種，過往在綠島可能多被鑑定爲杜虹花（C. formosana）。朝鮮紫珠並非海邊植物，而是內陸次生物種，但可延伸至海崖、海岸林破壞地的次生灌木。

其在原始植被時代，當散生於海岸地區次生演替的局部破空處。

朝鮮紫珠。（2014.9.3）

4、海岸林前帶的小喬木或灌木

本小節記述典型海岸（邊）海岸林之前緣（向海），或具有林緣效應的物種。基本上是口訪姚麗吉校長（1960年生；多次口訪）、蔡居福先生（1946年生；2014.11.7口訪）、施勝文先生（1959年生；2014.9.5口訪），加上零星訪談在地人，以及由已出版的圖書資料，配合實地調查樣區之後，追溯過往（或已消失）的物種分佈狀態。

（1）欖樹，綠島俗名「呑根（tun kin）」。陳玉峯（1984；85頁）列爲恆春半島海岸灌叢及海岸林的重要小喬木，可列爲前岸樹種，典型的海邊植物之一，但如同許多海邊植物的分佈模式，會沿溪溝、溪澗，上溯內陸。立地跨越珊瑚礁岩、岩屑或石質土、壤土等，果實海漂傳播。

1970年代之前，東海岸的楠仔湖、柚仔湖、溫泉區（從孔子面壁岩以南，沿著海岸甚常見，且其前帶常伴生苦林盤）等，數量多；南海岸的紫坪以迄大白沙，量亦不少，老樹胸徑可一人合抱，或說胸徑可大於50公分；西海岸、北海岸皆可見及。

欖樹。（2014.11.10）

欖樹花。（2014.11.10）

欖樹熟果。（2014.11.10）

白水木。

1980年代末葉迄21世紀初，以藥用故，被大量剷除。其果實、果汁具抗氧化力、抑菌、防癌效應，是謂「諾力（noli）」（果）；綠島先輩早知其療效功能，常挖採根、幹刨片，燉煮食物，治療風寒、「月內風」，另則燉煮豬腳，治筋骨痠痛等，具特殊香味，但先前並無吃食果實。

並無純林，但爲伴生樹種。

（2）白水木，綠島俗名「烏水草（oo zui cau）」或「湖水草」。陳玉峯（1984；94頁）視其爲海岸線第一道小喬木，相當於林投，但生態幅度窄隘，通常無法進入海岸林。生育地跨越砂土、珊瑚礁岩、石質土等。其體型視立地風切面，從矮灌叢狀至小或中喬木。台灣本島見於恆春半島、東海岸及北海岸。

過往綠島人取其木材，削製嵌上玻璃的潛水鏡，再用馬鞍藤的葉片捻揉後，擦拭玻璃，確保玻璃不會沾佈水氣，妨礙在水中的視線。蔡居福解釋，在他父執輩一代，利用白水木樹幹中空，取小段木削製成蛙鏡，因爲若潛至20公尺深處，眼睛都凸出來，需要蛙（水）鏡保護。而白水木在全島海岸皆可見及，但以楠仔湖爲最多，除了天然生之外，綠島人都在居家旁種植之。然而白水木的叢葉、花序上容易長蟲，導致臭味很重。

其可形成海岸局部小面積的「白水木優勢社會」，或與其他物種共配優勢，形成社會單位（陳玉峯，1985；145頁）。

（3）黃槿，綠島俗名「面頭果（min tau khoo）」。陳玉峯（1984；68頁；1985；139、146頁）將其列爲全台海岸與台灣人生活息息相關的小喬木，屬於前岸至海岸林及其前緣的伴生型樹種；其樹型亦視立地而善於調整、變化；其生育地遼闊，包括潮間區沼澤泥地、沙質壤土、沙灘、沙丘、珊瑚礁及間積石質土等等，皆可存活；全國海岸地區亦可見小面積優勢社會（天然形成者；最常見成排、成片的人造林），以及其與其他樹種共配優勢的混生林。

黃槿。（2014.6.24）

綠島人廣泛利用黃槿，例如食物類、飼草、綠籬、漁具、器物、藥用等；其族群遍佈全島海岸，過往曾以鱸鰻溝海邊數量最多，蔚爲優勢社會；現今則以東海岸局部小區域形成純林，或與其他物種共配優勢。

東北季風與植被的初步探討

自古典生態學發韌以降，研究者咸信氣候決定地球上植被的終極狀態，或謂極相（climax）。特定氣候條件下，其他限制因子之恆定者，構成第二層級的決定性要素，例如所謂的「地文盛相」等。依據台灣島特色，陳玉峯（1985；11-57頁）定義海岸植被爲：「舉凡位居陸地接海區域，得受風力（海、陸風、季風與颱風）、海浪、鹽霧（鹽雨）、立地基質及其所含鹽分或水分等等，海岸特殊無機環境因子影響下，所孕育的植物全體。通常以面海第一道主山稜與內陸植被區分之。」而海岸的主要限制因子（limiting factors）爲立地基質的含鹽度（salinity）、風、立地基質（substratum），以及其他因子與總體效應，從而界定海灘植物、前岸植物、海岸植物、外灘植物、海岸植被與內陸植物（被）。

就風力的影響方面，則列有生活型（life-form）或體型的改變、假落葉現象、間接效應、風切面及風成社會等五項。

然而，關於東北季風究竟如何影響綠島的海岸植物，包括海崖及東北季風挾帶的鹽霧，或季風、氣溫、雨水、鹽霧等，之與海岸植物的關係如何，歷來似乎未見直接的觀察與試驗。爲瞭解最初步且最直接的現象，筆者於2014年11月7～10日，在綠島的中寮港東側、楠仔湖、牛頭山頂海崖平台、海參坪、燕子洞等地，施放煙霧，進行觀察及拍攝。

由於施放時日的東北季風，除了11月9日際夜在燕子洞前方之外，風力太弱，觀察成果或效應不理想，爾後再覓試驗機會。即令如此，若干現象歸納後在此敘述。

1. 一般煙霧（碳粒及各類浮懸粒子等）之往各方向的擴散，端視其粒子比重、空氣浮力及風速狀況等而定。煙霧與鹽霧自有差異，何況本試驗運用漆彈遊戲場的煙霧彈、一般煙火、漁船海上信號彈、燃燒草木堆等四種煙霧製造方式，重點只在觀察風的走向，或氣流的流動現象而已。延伸推測鹽分分佈等，並非「事實」，只是推理。
2. 五地區、超過12個定點的煙霧施放後，可確定來自海上、吹向陸域的東北季

在烏石腳東側海岸後灘至前岸地區，東北季風自海上吹來，若為強風，煙霧呈現平行於水平面的直行。（2014.11.9）

若風速降低，則煙霧漸上揚，但得視煙霧比重而定，且加上上下左右擴散的現象（地點、時間同上）。

風，在煙霧可目視的範圍內，只要風速大於煙霧往各方向的擴散速率時，氣流可急速攜帶煙霧直行，從而下達：東北季風吹向綠島地面時，風向或氣流平行於海平面，直線前進。

3. 平行於海平面的氣流上岸後，隨著漸次挺高的坡面，阻力增加。下部接觸地面的氣流分子阻力大增、速率急速變慢，且因其上部速率相對快速，故而立即形成漩渦或氣旋。若風向由左吹向右，則氣流漩渦是順時鐘方向翻滾，且前後推擠而呈現多重渦流，加上隨時間進行而擴大直徑，滾滾前推。風速愈大，每一短時的渦流直徑或範圍愈小。

　　理想化狀況，東北季（海）風挾帶的鹽霧沾黏地面的數量，其與距海呈非常複雜的多次方負相關，絕非直線或一次方程式模式。絕大部分的鹽分在海岸線（陳玉峯，1985；定義）前被攔截，或粗估，50～100公尺內絕大部分鹽分子已滌除。之後，風乾效應可能遠大於鹽乾作用。這是不考慮坡度的敘述；坡度愈大，則短距離即可截留大部分鹽粒子，但坡度大於特定程度，或將另有變異。

4. 在牛頭山海崖頂（或海拔50～80公尺的古老海蝕平台）的煙霧施放顯示，風力夠大時，煙霧（氣流）皆呈現平行於海平面的直線推進。風速降低時，煙霧會略下沉，端視前導空間複雜氣流而多變化。微風、靜風時，煙霧視粒子特性而擴散。夥同往下分析或觀察海崖的效應，筆者推斷綠島在農業時代之所以在「草山埔」（阿眉山麓延伸到東北角廣大的古海蝕平台之謂，今之牛頭山平坦草生地舊名為「草山埔尾」，即此平台的尾端）耕作，形成綠島人的大穀倉，主要原因除了地形之外，乃因爲此等地區已脫離海鹽的顯著影響。

5. 海崖效應。以牛頭山、楠仔湖、海參坪等東海岸海崖爲例，觀察如下：

　　（1）總原則：煙霧、氣流朝向阻力最小處流動。以牛頭山西側，以及尾湖內（第十三中隊北方的）海岸小山頭之間的風隙海岸爲例，煙霧流在強風推送下，形成平行海平面的直線前進，但並不依原方向撞上海崖，而是轉向西側，朝鱸鰻溝流去；以海參坪南端，靠近睡美人岩的頸部海蝕洞爲例，東北季風挾帶煙霧並不依原方向直接衝撞海崖，而是走曲線，繞往睡美人頸洞流去。但此現象視風速及距離而定，風速太小或微風時，煙霧直接朝海崖緩慢流去，且在海崖前擴散、打轉而後消失；風速甚強時，煙霧可直接往海崖壁前衝，但皆在海崖壁前一段距離處翻滾，顯然海崖壁反彈風壓，且「風箱」阻止煙霧

在牛頭山海崖頂，若風速夠大，煙霧一樣平行於水平面推進。（2014.11.9）

在微升地形，原應平行水平面的煙霧被迫沿地形前進，但因地面磨擦作用，煙霧必然順時針方向打滾。（牛頭山；2014.11.9）

在微升地形且有林投灌叢者，沿地形前推的煙霧被林投化解部分壓力後，沿林投切面上揚。(2014.11.9)

若風速增加，上述煙霧受林投灌叢化解的比例增加(同上)。

直接撞擊海崖壁；特定風速範圍內，部分煙霧被導引向睡美人頸洞流動。

據此推測，睡美人頸下的海蝕洞之所以形成，長年東北季風的撞擊必擔任重要角色，或說由北向南「挖掘」而成。甚至，如楠仔湖、柚仔湖等東海岸之半圓形海岸地形的形成，都與東北季風在數萬年來，配合地體上升、海退過程中的流體侵襲有關。

（2）此度在楠仔湖、海參坪之南端等地，對坐南朝北或東北的海崖觀察顯示，風速較小時，煙霧朝向陸域逼進的過程中，經過林投灌叢阻擋後挺升，速率變緩，而在海崖壁前的大空間渦流混亂，加上煙霧擴散，形成雜亂、慢速的複雜煙流團滯留現象；風速加大時，滯留煙霧團中的旋渦徑變小，煙流團由海向崖的三角形角度變小，但被海崖阻擋之下，小部分煙流會越過崖頂上升，惟推估其鹽分粒子等，對海崖頂上土地的影響或沾黏微乎其微，因爲大部分粒子應在海崖前的滯留氣旋中被截留殆盡。

以現今綠島海拔4、50～80公尺不等的海崖而言，除非極端暴風浪潮，平常東北季風、西南氣流及陸海風的日週期交替，應可免除海岸鹽鹼土的影響，但事實上全島山地的土壤仍有偏鹼的傾向，可能與小島面海第一道山稜

在靠近睡美人頸附近施放煙霧顯示，煙霧隨往頸洞處被導引，而不會依原風向衝向海崖。這是流體原則，往阻力較小處流動。（海參坪：2014.11.9）

在楠仔湖海邊試驗地表及1.7公尺高處施放紅色及綠色煙霧，結果如同上述基本原則發生。（2014.11.8）

以仙女棒試驗，火花一樣平行水平面前送。（中寮；2014.11.7）

風速不足且以陣風方式吹送的煙霧，在陣風之間隙煙霧往上擴散，形成上下震盪，且往後擴大煙流幅的現象。（海參坪；2014.11.9）

以地面及離地1.7公尺施放的不同顏色煙霧顯示，林投或海岸第一道灌木呈受該1.7公尺以下（僅指本例）所有風力被地面磨擦抵銷後，全部風力的施壓。也就是說，海岸植物的「風切面」即指該等植物承受最大風壓下，得以長成的最高界面。（海參坪；2014.11.9）

現地觀察可確定煙霧因地表磨擦而呈順時針打滾。（牛頭山：2014.11.9）

間歇微風的不穩定擴散現象。（牛頭山：2014.11.9）

或海崖高度尚不足以阻絕所有鹽霧，或與島體史有關。

（3）從海邊往海崖空間變遷中的細節：

A. 除非強風時段，通常風的吹送是斷續發生，強、弱及中止更替，是謂陣風。當陣風間斷的間隙時，煙霧向上或向下擴散，或鹽分等粒子下降；風強時，鹽分亦順風路過程中任何受阻處而變化萬端。煙霧與鹽分不可相提並論，但筆者曾在夜晚點燈，觀察毛雨在微風中的游走，微細水珠就像渺小奇妙的螢火蟲或精靈，上、下、左、右、各方向旋轉、飄浮、游走，大抵循不等半徑作甚詭異的曲線流轉。

B. 關於土壤或立地基質的含鹽度，只消依地形、距海、風向等數據，取足夠土壤等測量即可，但季節是必須考量的因素。另，純粹依東北季風攜帶鹽霧的狀況，可設計簡易捕捉盒，依各項因子搭配，而可得出相對精準的直接數據，且據之以規劃各種植物的試驗，從而釐訂過往欠缺實證的資訊，進行生理生態、植物或植群生態的探討。

C. 上述鹽霧捕捉器應在海崖各不同高度及現地狀況，作多變化的設計。而以綠島距海超過百公尺以上的海崖，筆者預估鹽分的影響不大，甚至可忽略。

6. 林投專論。依此次施放煙霧及現地植被調查，全海岸地區堪稱破解海風、東北季風或特定風暴等，最爲凸出的物種即林投，在此條列敘述之：

（1）面海第一道直接化解東北季風、海風，且佔據最廣闊有效截阻面的物種，首推林投，而林投之前，大抵主要影響的限制因子是含鹽度，對風力的承受通常僅限於風切面之下，只有林投可承擔且化解最大風壓。

（2）由於綠島的林投頻常是自前方貼地的半灌木、匍伏蔓藤突然兀立而出，因而直接或側面承受風壓，而且，因地面坡度導致氣流的空間壓縮，除了地表磨擦減少的風壓之外，其他直接撲打在林投身上。

（3）林投天生強韌的枝幹之外，另有叢出的不定支柱根，其有固著效應之外，還可發揮來回擺動的軟性分解力道的作用。不止於此，林投的莖葉以特定順時針方向，由下向上螺旋排列，恰好可以化解由下往上的風壓，更加奇妙的是，林投長長又軟硬適中的葉片，沿著兩側葉緣長出兩排中等長度的針刺，正可將氣流轉化爲無數的小漩渦或各種複雜交纏、抵銷的大小亂流。全台原生植物四千餘種，關於抗風、化解風壓的能力，筆者推崇林投爲第一。

（4）林投長成小喬木或灌叢後，仍不斷擴展地盤，且因其叢生螺旋葉往往密披林冠，遮阻陽光，導致林冠下少有其他植物得以生長，只以中等密度的莖幹及其支柱根交錯縱橫，加以林投之後帶，往往有海岸林或海崖，以致林投灌叢林冠下形成一大空間，狀似酒瓶腹。吾人在酒瓶口置一輕物，想要以吹氣方式，將輕物吹進瓶中，幾乎是不可能之事，因爲氣體一灌入瓶中，必有同等氣體被壓擠出來，將輕物往外推送。同理，海風、東北季風流向林投灌叢之際，林投叢「腹中」的空氣將之彈送外推。

（5）林投灌叢林冠下的空間並非酒瓶腹，但的確有雷同的效應。煙霧吹向面海第一道林投牆之後，下部煙霧往上斜升，中段亦然，上部氣流（煙霧）持續前進，煙霧經由林投葉的化解，大抵在林冠前緣打轉再後送。因此，推估林投外圍截留最大量的鹽分，且化解大部分風衝力道。

林投灌叢或小喬木內部具有「腹中」效應。（2014.9.3）

（6）由於由海上吹送陸域的東北季風等，沿地表坡度被迫上移，及至林投前緣，再被逼上揚，因此，林投下部葉片承受的風壓及鹽分可能量多，加上下部葉的年齡較大，故常見林投的枯葉由下部先出現。

（7）此次綠島調查及煙霧試驗之後，筆者確定林投之前欠缺灌木（如草海桐等）緩衝，直接以林投小喬木面海的現象，一部分成因或在東北季風的側吹（而非由海向陸的垂直方向），一部分原因或在草海桐以立地基質的限制，其在綠島的分佈並不均勻。此面向尚待進一步調查分析。

7. 東北季風與海岸植物。東北季風固然以強勁風力著稱，但過往研究忽略其所帶來的降雨，事實上乃營造台灣東北角、東海岸、離島海岸包括綠島等，出現一大群冬生夏枯的植物。即令並非冬生夏枯型物種，亦可因應冬雨而局部（視地形、立地條件而定）繁茂。冬生夏枯型物種如琉球鈴木草等，夏季往往受不了酷熱而枯萎（暫時假設如此），直到冬雨季始應運茂盛孳長；蘭嶼小鞘蕊花在綠島則至少有2段盛花或生長期，一在春雨之後的6月，9月陷入枯乾期，冬雨之後，11月又呈現生長及開花旺季；不帶雨水的東北季風或具強烈的風乾作用，潮濕或帶雨水的東北季風夥同微地形效應，則可造成同一種植物在不同區域呈現截然不同的樣貌，例如海埔姜、馬鞍藤等，一些地區已呈現全面枯乾或落葉，局部地區則正在萌長新葉，而打破季節形相的舊有印象。

此面向的調查研究，在台灣似乎尚未見有進展，其爲台灣植物生態探討有趣且充滿意義的議題，值得大加探討。

蘭嶼小鞘蕊花在6、7月，以及東北季風雨期可盛展花果。（第十三中隊：2014.6.23）

9 代結語

本調查報告首度相對詳細地調查綠島現今海岸植被，以135個樣區歸納出超過27個植物優勢社會或單位，各自有其代表性的生態意義。而此次調查，雖只以海岸地區爲對象，但亦勘查過山古道，且上至火燒山頂的軍事地區，對山地植群初勘之後，確定過往報告或文獻尚不足以彰顯綠島植群生態的內涵，有必要另行調查。

本研究亦對原始海岸植被略作追溯，但只限於若干今人記憶及殘存林木的探討。而對東北季風的煙霧施放與觀察，確定林投非比尋常的天然設計，誠乃耐風、抗風的超級物種，本文後段對其化解風力的詮釋，或爲台灣首度的嘗試。

而自然科學的本土研究大抵從日治初期發軔，且在其時早已打破唯物、唯心的人爲觀念囿限，奈何朝代更替後，近70年來但走回頭路而涇渭分明。筆者以38年台灣植群的學習經驗，加以近8年對宗教哲學的摸索，竊以爲唯心思潮若能跳脫走向唯識論的主流，提撥更多與唯物觀察的交互體會，或可以對人類、地球生界的未來產生更大的助益與貢獻。而台灣植

2014.11.7～10綠島調查隊伍，左起陳玉峯、陳月霞、吳學文、陳汝硯、胡筆勝及簡毓群，楊國禎及蘇吉勝隔日趕來。
（富岡漁港碼頭）

被的研究，若能加進較深沉的人文思考，如演替、極相概念等，或將產生更豐富的內涵。本文但藉日人初勘綠島的些微軌跡，勾勒日本自然神教（八百萬宗教）曾經在台灣流露的些微氛圍。

藉由海岸植被的調查，筆者對綠島開拓史，以及近來的挖寶故事，同時進行采風登錄。事涉綠島史失落的環節，以及人性絞纏甚是奧妙的衝突或張力，或可探討台灣傳統宗教「觀音法理」的應現現象之一例（陳玉峯，2012；2013），是爲後續研究的課題。

綠島最高山火燒山頂一等三角點（280公尺）與陳月霞。（2014.11.9）

姚麗吉校長在他的茨前（2014.9.3；陳月霞攝）；本研究承蒙姚校長大力幫忙。

姚麗吉校長接受訪談。（2014.11.8）

筆者在綠島的調查活動。（牛頭山；2014.9.5；陳月霞攝）

參考文獻

- 王崧興，1967，台灣外島之人口，台灣銀行季刊18（4）：195-204。
- 井上德彌，1917，趣味の相馬君，台灣博物學會會報7（32）（附錄）：25-27。
- 正宗嚴敬，1936，植物地理學，養賢堂發行，東京，日本。
- 正宗嚴敬、森邦彥、鈴木重良，1932，工藤佑舜教授及森助手採集火燒島植物目錄，台灣博物學會會報22（123）：443-463。
- 白石良五郎，1917，故相馬禎三郎君を憶ふ，台灣博物學會會報7（32）（附錄）：27。
- 台灣總督府，1897，火燒嶼：「台灣總督府公文類纂」乙種永久保存，卷3門2；3：官規官職，等等。
- 交通部觀光局東部海岸國家風景區管理處，2014（發放），綠島人權紀念園區，摺頁。
- 伊能嘉矩，1928（江慶林等9人譯，2011），台灣文化誌（上、中、下），台灣書房出版公司出版，台北市，台灣。
- 伊藤武夫，1917，火燒島の植物，台灣博物學會會報7（32）（附錄）：8-22。
- 行政院文建會，2008（5月），綠島人權文化園區（摺頁）。
- 佐佐木舜一，1911，火燒島の植物，台灣博物學會會報1（3）：76。
- 吳永英，1970，琉球嶼之研究，台灣文獻20（3）：1-44。
- 吳耀輝，1967，台灣外島之經濟，台灣銀行季刊18（4）：205-228。
- 李玉芬，1997，綠島的人口成長與變遷，東台灣研究2：99-130。
- 李玉芬，2000，綠島的區位與人文生態的變遷，國立台灣師範大學地質學研究所博士論文。
- 李思根，1974，綠島小區域地理之研究，經綸學術叢刊，經綸出版社，台北市，台灣。
- 岡本要八郎，1917，噫相馬君，台灣博物學會會報7（32）（附錄）：23-25。
- 松田英二，1917，相馬先生を偲，台灣博物學會會報7（32）（附錄）：28-30。
- 林登榮（主編），2007，綠島呷食，台東縣政府文化局出版，台東市，台灣。
- 林登榮（主編），2010，懷古憶舊話過山，台東縣綠島鄉公所出版，台東縣綠島鄉，台灣。
- 林登榮，2011，綠島傳統地名，台東縣政府出版，台東市，台灣。
- 林登榮、趙仁方、鄭明修、謝宗宇、蔡文川，2005，綠島生態資源解說手冊，綠島鄉公所出版，台東縣綠島•鄉，台灣。
- 林登榮、陳次男，2007，綠島文化導覽地圖，台東縣政府文化局出版，台東市，台灣。
- 林登榮、鄭漢文、林正男，2008，綠島民俗植物，綠島鄉公所出版，台東縣綠島鄉，台灣。
- 林朝棨，1967a，台灣外島之地質，台灣銀行季刊18（4）：229-256。
- 林朝棨，1967b，台灣外島之地下資源，台灣銀行季刊18（4）：257-268。
- 林熊祥（編著），1958（1984再版），蘭嶼入我版圖之沿革（附綠島），台灣省文獻委員會出版。
- 金平亮三、佐佐木舜一，1934，紅頭嶼火燒島の新樹木，台灣博物學會會報24（135）：416-428。
- 姜國彰，2003，來自地底的訪客—綠島的地質簡介；在趙仁方等12人，2003，9-14頁。
- 柳榗、楊遠波，1974，台灣附屬島嶼與本島植物區系之關係，中華林學季刊7（4）：69-114。

- 相馬禎三郎，1914，台灣農業教科書，新高堂書店出版，台北，台灣。
- 島田彌市，1917，故相馬禎三郎君採集台灣產新種植物，台灣博物學會會報7（32）（附錄）：3-8。
- 徐鳳翰，1967，綠島概況，台灣銀行季刊18（4）：280-289。
- 屠繼善，1894（1960重印），恆春縣志，台灣文獻叢刊第74種，台灣銀行經濟研究室編印。
- 梁嘉彬，1968，小琉球考（第廿一次學術座談會），台灣文獻19（1）：164-189。
- 畢長樸，1971，綠島人種的來源問題，台灣風物21（1）：3-8。
- 莊文星、陳汝勤，1989，綠島安山岩內之堇青石之探討，經濟部中央地質調查所彙刊5：67-80。
- 莊吉發，1982，四海之內皆兄弟—歷代的秘密社會，在杜正勝主編《中國文化新論‧社會篇‧吾土與吾民》281-334頁，聯經出版公司出版，台北市，台灣。
- 陳于高，1993，晚更新世以來南台灣地區海水面變化與新構造運動研究，國立台灣大學地質學研究所博士論文。
- 陳正宏、劉聰桂、楊燦堯、陳于高，1994，五萬分之一台灣地質圖說明書，圖幅第六五號綠島，經濟部中央地質調查所出版，台北市，台灣。
- 陳正祥，1993，台灣地誌（全三冊），南天書局發行，台北市。
- 陳玉峯，1983，南仁山之植被分析，國立台灣大學植物學研究所碩士論文。
- 陳玉峯，1984，鵝鑾鼻公園植物與植被，內政部營建署墾丁國家公園管理處出版，墾丁，台灣。
- 陳玉峯，1985，墾丁國家公園植物與植被，內政部營建署墾丁國家公園管理處出版，墾丁，台灣。
- 陳玉峯，1995（2001年新版），台灣植被誌（第一卷）：總論及植被帶概論，前衛出版社，台北市，台灣。
- 陳玉峯，2005，台灣植被誌第八卷：地區植被專論（一）大甲鎮植被，前衛出版社，台北市，台灣。
- 陳玉峯，2006，台灣植被誌第六卷：闊葉林（一）南橫專冊，前衛出版社，台北市，台灣。
- 陳玉峯，2010，前進雨林，前衛出版社，台北市，台灣。
- 陳玉峯，2012，玉峯觀止—台灣自然、宗教與教育之我見，前衛出版社，台北市，台灣。
- 陳玉峯，2014（私人存檔），綠島口述史採訪逐字稿。
- 陳皇任，2006，綠島生態旅遊永續經營之研究—生態足跡法，國立台灣海洋大學應用經濟研究所碩士論文。
- 陳章波、王芳琳，2003，八卦‧林投‧火燒島，中央研究院動物所、交通部觀光局東管處發行，台灣。
- 鹿野忠雄，1946，火燒島に於ける先史學的豫察，《東南亞細亞民族學先史學研究》398-424頁，矢島書房發行，東京，日本。
- 黃于玲，1994，五〇年代火燒島特輯，《台灣畫》雙月刊10。
- 綠島鄉公所，1992，綠島鄉志。
- 趙仁方、林登榮、鄭明修、劉益昌、李玉芬、曹欽榮、楊宗愈、姜國彰、葉建成、連益裕、周大慶、蔡文川，2003，綠島生態人文之旅，台東縣政府出版，台東市，台灣。
- 謝光普，2006，綠島山地植群生態及植物區系之研究，國立屏東科技大學森林系碩士論文。

誌　謝

本研究三度前往綠島調查，承蒙楊國禎教授協助物種鑑定、綠島國小姚麗吉校長各方面幫忙與解說，夥同所有工作人員、受訪者等，特此申謝。本研究計畫及後續工作等經費，全由楠弘貿易公司蘇振輝董事長贊助，在此銘誌。

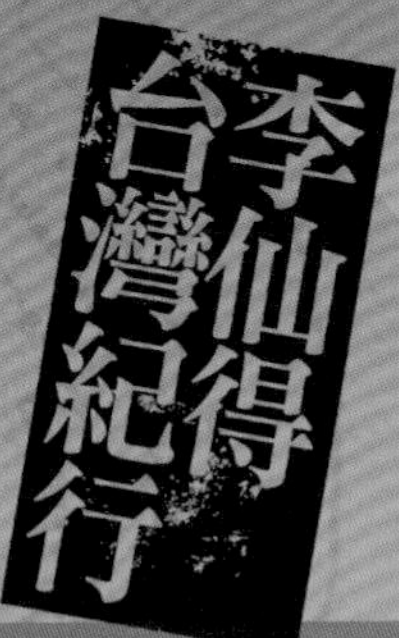

南台灣踏查手記

原著｜ Charles W. LeGendre（李仙得）

英編｜ Robert Eskildsen 教授

漢譯｜ 黃怡

校註｜ 陳秋坤教授

2012.11 前衛出版 272 頁 定價 300 元

從未有人像李仙得那樣，如此深刻直接地介入 1860、70 年代南台灣原住民、閩客移民、清朝官方與外國勢力間的互動過程。

透過這本精彩的踏查手記，您將了解李氏為何被評價為「西方涉台事務史上，最多采多姿、最具爭議性的人物」！

節譯自 *Foreign Adventurers and the Aborigines of Southern Taiwan, 1867-1874*
Edited and with an introduction by Robert Eskildsen

C. E. S. **荷文原著**
甘為霖牧師 **英譯**
林野文 **漢譯**
許雪姬教授 **導讀**
2011.12 前衛出版 272頁 定價300元

被遺誤的台灣

荷鄭台江決戰始末記

1661-62年，
揆一率領1千餘名荷蘭守軍，
苦守熱蘭遮城9個月，
頑抗2萬5千名國姓爺襲台大軍的激戰實況

荷文原著 C. E. S.《't Verwaerloosde Formosa》(Amsterdam, 1675)
英譯William Campbell "Chinese Conquest of Formosa" in《Formosa Under the Dutch》(London, 1903)

Pioneering in Formosa

歷險福爾摩沙

台灣經典寶庫5

W. A. Pickering
(必麒麟) 原著

陳逸君 譯述 | 劉還月 導讀

19世紀最著名的「台灣通」
野蠻、危險又生氣勃勃的福爾摩沙

Recollections of Adventures among Mandarins, Wreckers, & Head-hunting Savages

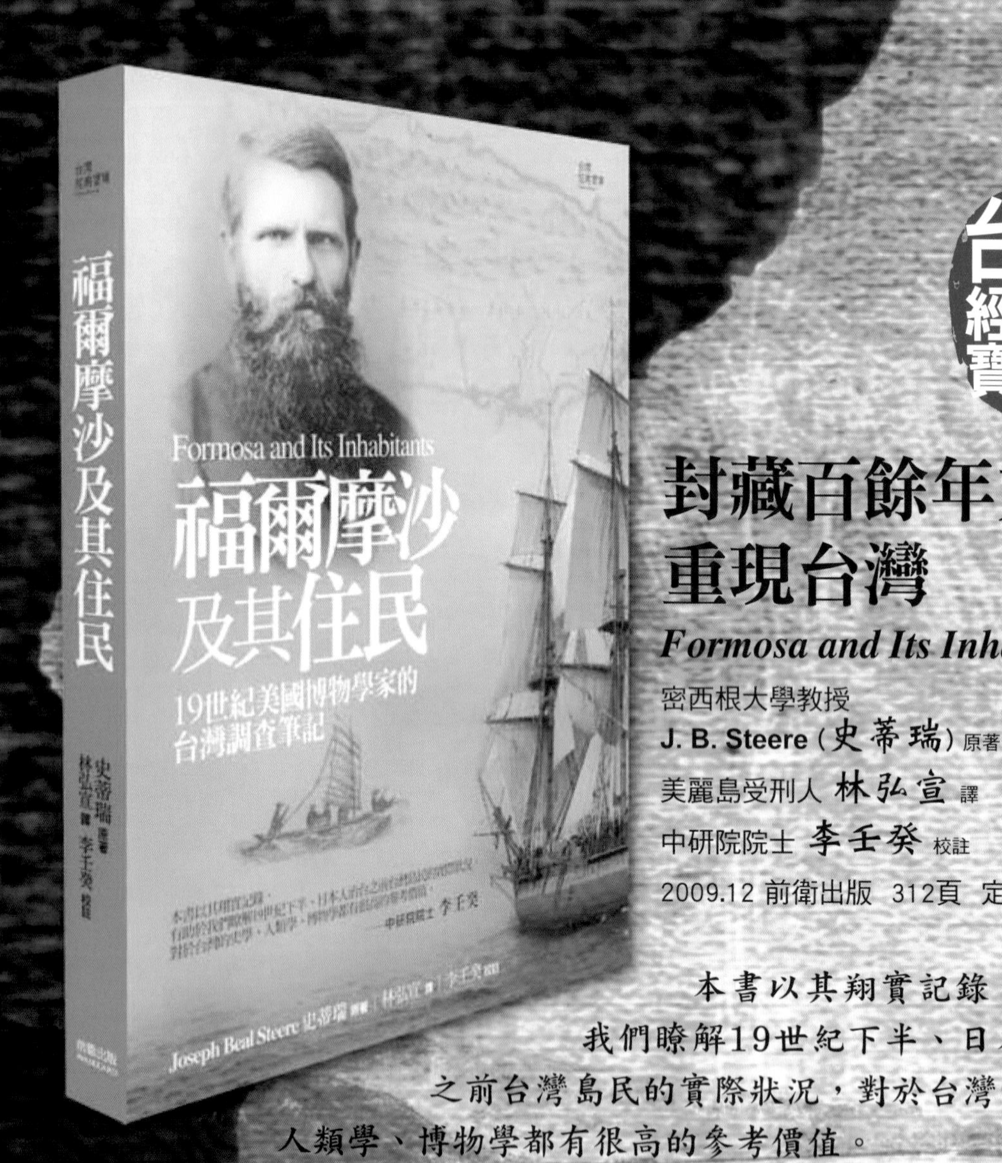

台灣經典寶庫4

封藏百餘年文獻
重現台灣

Formosa and Its Inhabitants

密西根大學教授
J. B. Steere（史蒂瑞） 原著
美麗島受刑人 **林弘宣** 譯
中研院院士 **李壬癸** 校註
2009.12 前衛出版　312頁　定價 300元

本書以其翔實記錄，有助於我們瞭解19世紀下半、日本人治台之前台灣島民的實際狀況，對於台灣的史學、人類學、博物學都有很高的參考價值。

——中研院院士 李壬癸

◎本書英文原稿於1878年即已完成，卻一直被封存在密西根大學的博物館，直到最近，才被密大教授和中研院院士李壬癸挖掘出來。本書是首度問世的漢譯本，特請李壬癸院士親自校註，並搜羅近百張反映當時台灣狀況的珍貴相片及版畫，具有相當高的可讀性。

◎1873年，Steere親身踏查台灣，走訪各地平埔族、福佬人、客家人及部分高山族，以生動趣味的筆調，記述19世紀下半的台灣原貌，及史上西洋人在台灣的探險紀事，為後世留下這部不朽的珍貴經典。

素描福爾摩沙

Eslite Recommends
誠品選書 2009.OCT 二〇〇九・十月

一位與馬偕齊名的宣教英雄，
一個卸下尊貴蘇格蘭人和「白領教士」身分的「紅毛番」，
一本近身接觸的台灣漢人社會和內山原民地界的真實紀事……

譯自《*Sketches From Formosa*》(1915)

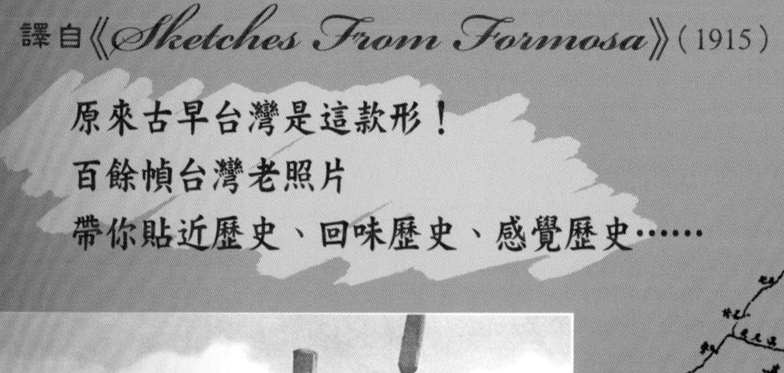

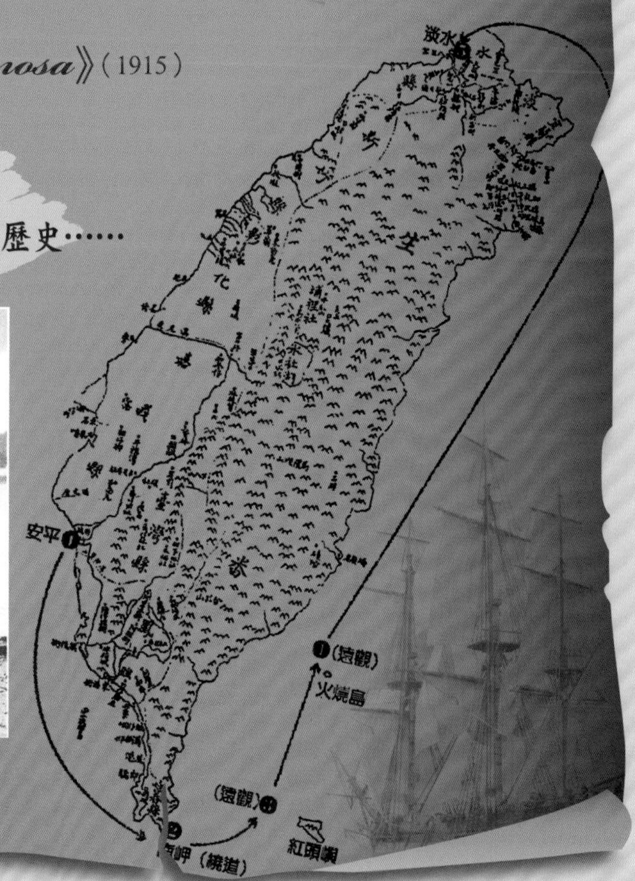

前衛出版 AVANGUARD
誠品書店 www.eslite.com

台灣
經典寶庫
Classic Taiwan

陳冠學 一生代表作

一本觀照台灣大地之美 20世紀絕無僅有的散文傑作

陳冠學是台灣最有實力獲諾貝爾文學獎的作家……
我去天國時，《田園之秋》是我最想帶入棺材的五本書之一

— 知名媒體人、文學家 汪笨湖

中國時報散文推薦獎/吳三連文藝獎散文獎/台灣新文學貢獻獎
《讀者文摘》精彩摘刊/台灣文學經典名著30入選

福爾摩沙紀事

From Far Formosa

馬偕台灣回憶錄

19世紀台灣的風土人情重現

百年前傳奇宣教英雄眼中的台灣

前衛出版 AVANGUARD

台灣經典寶庫

譯自1895年馬偕 著 《From Far Formosa》

國家圖書館出版品預行編目(CIP)資料

綠島海岸植被 / 陳玉峯著.攝影. -- 初版. -- 臺北市：前衛，
2015.07 288面；19x26公分. -- (山林書院叢書；10)
ISBN 978-957-801-773-3 (精裝)
1.植物志 2.臺東縣綠島鄉

375.233/139 104010609

山林書院叢書 10

綠島海岸植被

策　　劃　山林書院
贊　　助　蘇振輝
著　　作　陳玉峯
攝　　影　陳玉峯
打　　校　吳學文
責任編輯　番仔火
美術編輯　余麗嬪
出 版 者　前衛出版社
10468台北市中山區農安街153號4樓之3
Tel: 02-2586-5708 Fax: 02-2586-3758
郵撥帳號：05625551
e-mail: a4791@ms15.hinet.net
http://www.avanguard.com.tw
出版總監　林文欽
法律顧問　南國春秋法律事務所林峰正律師
出版日期　2015年7月初版一刷
總 經 銷　紅螞蟻圖書有限公司
台北市內湖舊宗路二段121巷19號
Tel: 02-2795-3656 Fax: 02-2795-4100

定　　價　新台幣600元

©Avanguard Publishing House 2015
Printed in Taiwan ISBN 978-957-801-773-3
★「前衛本土網」http://www.avanguard.com.tw
★ 請上「前衛出版社」臉書專頁按讚，獲得更多書籍、活動資訊。
http://www.facebook.com/AVANGUARDTaiwan